うちの犬ががんになった

がんとたたかう愛犬を支えてあげる方法
診断 – 治療 – ケア

著者［飼い主］
ウィム・モーリング

執筆協力［獣医師］
井上敬子

獣医学監修
石田卓夫

緑書房

Copyright © 2011　ウィム・モーリング

特に明記されている場合をのぞいて、絵と写真はすべて著者によるものです。
挿絵の一部は Doctor Clipart © FunDraw.Com の許可を得て使用しています。

表紙の写真について：
医療の専門家なら、表紙に写っている点滴用の針にはキャップがはめられたままだとおわかりになるでしょう。これは犬に不要な痛みを与えないように撮影したものであるとご理解ください。

このマークのある欄には、ケンタの治療中に担当医の
井上先生からいただいた多くの有用なコメントや提案
を記載しています。

免責条項
本書は専門書ではなく、犬の飼い主が獣医師の協力を受けて作成したものです。内容は誰でも入手できる印刷物等から情報を収集し、それらの情報に基づいて構成されています。本書の目的は犬の飼い主さんに包括的な情報を提供することです。本書は医学もしくは獣医学の専門家の意見に代わるものではありません。そのため特定の治療方法や薬剤を推奨しないように十分配慮しています。愛犬の治療や世話に関しては、必ず担当の獣医師と相談して、その診断および指示をご確認ください。それぞれの犬がまったく別の個性、特徴を持っていますし、必ずしも本書の内容が各々の読者の状況に完全に当てはまるわけではありません。本書の内容から生じる、または生じるとされる、直接的または間接的なすべての損失、被害、または障害について、本書の著者、監修者および出版社はその責を負いかねます。

For Kenta
  We miss you, big boy…

For Jackie
  You were the beginning…

For Moomin
  A heart of gold…

…and for all their beautiful friends!

In memory of my father

監修者のことば：うちの猫もがんになった！

　この本の獣医学監修をお引き受けしてしばらくした後、うちの猫がリンパ腫を発症し、著者と同じように、家族同然のペットの病気と向き合うことになりました。病気がわかった当初は、「10万頭に100例ほどの病気がよりによってなぜうちの猫に出たのか」と精神的に落ち込みましたが、そのうちに「うちの猫でよかった」と思うようになりました。というのも、十分な治療をしてあげることができたからです。その猫は今も寛解中（症状が消失し、検査上も病気がなくなったようにみえる安定した状態。再発する可能性は十分ある）で、体重が増え過ぎるくらいに食べて元気に生活しています。

　そのようなこともあり、著者と同じ目線でこの本の監修作業を行うことができたように思います。すでに主治医の井上敬子さんが執筆協力を行っており、それほど手を入れるところはありませんでした。ただし、インターネット時代における情報の氾濫が懸念される現在、正しい情報とそうでない情報を整理する必要がありますので、そういった意味でいくつか補足をさせていただいています。

　獣医師が動物の治療を行う際、相手にしているのは動物だと思われがちですが、実は動物たちの後ろには必ずご家族がいます。獣医師はご家族の意向や気持ちを無視して治療を行うことはできません。そういう事情を鑑みても、ご家族の視点で書かれた本書は、飼い主さんだけでなく獣医師にとっても大切な本となるでしょう。

2011年9月

　　　　　　　　　　　一般社団法人　日本臨床獣医学フォーラム　会長
　　　　　　　　　　　公益社団法人　日本動物病院福祉協会　会長
　　　　　　　　　　　　　　　　　　　　　　　石田卓夫

はじめに

　犬は、私たちに驚くようなことを成し遂げる力を与えてくれます。
　数年前までの私は、まさか自分ががんになった犬の世話について、本を書くことになるとは夢にも思っていませんでした。ところが、いま読者が手にとっているのは、その思いがけない本なのです。うちの愛犬、ゴールデン・レトリーバーのケンタがいなければ、この本が書かれることは決してなかったでしょう。

　ケンタが10歳半で血管肉腫というがんと診断されたとき、呆然としました。がん？　犬が？　まさかそんなことが本当にあるのだろうか？　しかしそれは現実でした。そして、ケンタのがんとの闘いが始まったのです。結末は悲しいかな、奇跡の生還物語にはなりませんでした。ケンタは本当によく頑張ってくれましたが、がんとわかってから4か月も経たないうちに亡くなりました。左後肢を切断したのに、それでもなお、がんの進行をくい止めることはできませんでした。

　闘病生活が始まるとすぐに、私たちは犬のがんについて書かれた本を探しました。何が起こり得るか、どんな選択肢があるのか、そして一番大事なこと、がんと闘うケンタにできる限りの世話をして、支えてあげるにはどうすればいいのか。そんな疑問に答えてくれる実用書、つまり私たち飼い主にも理解できる言葉で書いてある本を探しました。しかし、驚いたことに、そのような本は見つかりませんでした。もちろん数週間のあいだに動物病院である程度のことは教えてもらいましたし、インターネットでも情報を集めましたが、ケンタが死んでしまうと、こう思わずにはいられませんでした。「もし、もっとうまく準備ができていたら、もっとうまくやれたんじゃないか？」と。

そこで私は決意しました。犬ががんだとわかったときに役に立つ情報が載っている、そんな本を書こうと。がんになった犬の世話について調べられることはすべて調べ、ケンタの経験も参考にしました。そして、飼い主さんたちが準備を整えて犬のがんに向き合い、不安を和らげる助けになる本、動物病院での検診や治療では何を何のためにするのか知りたくなったときに役立つ本を書こうと決めたのです。

　それから1年以上の情報収集を行い、ケンタの担当医だった井上敬子先生の貴重な助けをいただいて、できあがったのが本書です。この中には、飼い主さんが実際にできることがたくさん載っています。

　「犬のがん」では、がんとは一体何かと、犬に見られるもっとも一般的ながんについての説明をしています。もし自分の犬のがんが、この本では説明されていなかったとしても心配しないでください。残りの部分でお伝えすることは、どのようながんにかかった犬にも役立ちます。続く章では、最初の診断からお別れのときまで、さらにそのあとの苦しい時期に支えになる実用的な情報が載っています。

　犬の感情は人間の感情とは違うものですから、ケンタが闘病中に感じただろうと思ったことも、「ケンタの日記」と題して巻末に盛りこみました。この日記で愛犬の気持ちをより深く理解しやすくなればと思います。

　　「ケンタの日記」の中でケンタが自分の話をするとき、あまりにも幸せそうだと感じるかもしれません。ケンタはがんなのに、どうして幸せそうなの？　もしそう感じたなら、どうか心に留めておいてください。ケンタと同じように、あなたの犬はがんが何かを知りませんし、死ぬとはどういうことかも知りません。だから不安になる理由も、悲しむ理由もないのです！　あなたの犬は幸せいっぱいです！　ですから愛犬の前では、今までと同じようにふるまってあげてください。そして忘れないで。犬は飼い主さんの気分に反応しますから、もしあなたがあきらめたら、あなたの犬もあきらめてしまうでしょう！

もしも自分の犬ががんになったためにこの本を手にされ、愛犬の状態に合わせて「順を追って」読んでいこうと思っているのであれば、最後の章にたどりつくのは、ずっと先であってほしいと心から願っています。

2011年9月

ウィム・モーリング

目　次

監修者のことば：うちの猫もがんになった！……………………… 4
はじめに………………………………………………………………… 5

犬のがん……………………………………………………………… 10
第1章　診断………………………………………………………… 24
第2章　治療に際して決めること………………………………… 36
第3章　治療………………………………………………………… 54
第4章　世話の仕方………………………………………………… 72
第5章　ほかに考えられる方法とは？…………………………… 96
第6章　別れのとき………………………………………………… 102
第7章　愛だけを残して…………………………………………… 116

ケンタの日記………………………………………………………… 129

付録1　用語集……………………………………………………… 138
付録2　犬の平均寿命……………………………………………… 141
付録3　便利な連絡先一覧………………………………………… 145

参考文献……………………………………………………………… 150
謝辞…………………………………………………………………… 154

犬のがん

　がん。
　犬の飼い主さんにとってこれほど恐ろしい言葉はほかにないでしょう。
　犬の多くはここ数十年で、れっきとした家族の一員として扱われるようになりました。ひと昔前よりいい物を食べ、念入りに世話をしてもらい、進歩した医療の恩恵を受けられるようにもなりました。そのため、この毛むくじゃらの我らが友は、昔よりずっと寿命がのび、育て方次第でひと昔前よりだいたい4年から8年ほど長く生きられます。けれども残念なことに、平均寿命がのびるということは病気にかかる犬も増えるということです。そして病気の中でも一番ありふれているのが、がんなのです。

　厚生労働省の調査によると、いま日本にいる犬は1200万頭を超えています。そのうち何らかのがんを発症する犬が毎年だいたい10パーセントくらい、つまり120万頭以上います。また、10歳を過ぎた犬の約50パーセントが、がんで死んでしまいます。実は犬にとって、がんはとても「身近な」病気なのです。

格段に進歩している医療

　しかしこの統計を見て、「がんだとわかったらもう助からない」とあきらめないでください。がんの治療法は格段に進歩しているので、決して希望がないわけではありません。あっさりあきらめてしまう理由はどこにもないのです！　犬のがんは人のがんと似ているところがたくさんあります。そのため、人のがんの研究や治療が進歩したことで、ペットの医療水準も高まっているのです。確かに、がんは治る見込みがないかもしれません。しかし、いまでは多くの場合、長く生きられる可能性がある安定した慢性疾患として対処できるようになっています。

> 1990年代半ばまで、ペットががんになるとほとんど何の治療もできませんでした。それがいまでは、人間とほぼ同じ水準の治療が受けられるようになりました。

がんとは何か？

ほとんどの人はがんという言葉を知っていますが、がんがどういう病気なのかを詳細に知っている人は少ないのではないでしょうか。がんを理解するためにはまず、人間の体も動物の体も多種多様な細胞からできていることを知っておかなくてはなりません。これらの細胞は成長と分裂をくりかえして、体を健康に保つために必要な細胞を増やしています。細胞は古くなったり傷ついたりすると死んでしまい、新しい細胞に入れかわります。

ところが、それがうまくいかないときもあります。傷ついて死ぬはずの細胞が死ななかったり、不要な細胞が新しくつくられたりします。こうしてできた異常な細胞が腫瘍と呼ばれるものになります。しかし、すべての腫瘍ががんとは限りません。腫瘍ががんかどうかをはっきりさせるためには良性か悪性かを調べなくてはなりません。それを調べる方法のひとつが、顕微鏡検査です。

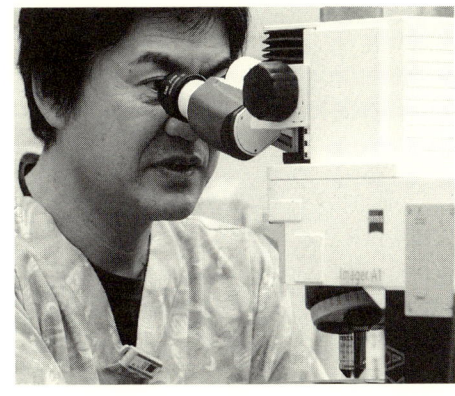

腫瘍ががんかどうか
顕微鏡検査をします

良性腫瘍はたいてい手術で簡単に取り除くことができます。再発せず、腫瘍を形成している細胞は体のほかの部分に広がらないことがほとんどです。つまり、良性腫瘍はがんとは別物です。一方の悪性腫瘍が、いわゆるがんと呼ばれるものです。悪性腫瘍の多くは急速に成長して正常な細胞を壊し、その場所を乗っ取ってしまいます。さらに、近接する組織や体のほかの部位に広がることもあるので、完全に取り除くのは難しくなります。このように、がんが体のある部分から別の部分に広がることを転移といいます。がん細胞がかたまりを作らずに、血液やリンパ系に入り込むこともあります。

　悪性腫瘍にはさまざまな種類があります。つまり、がんといってもいろいろな病気があるということです。多くの場合、その病名は最初に発症した場所にちなんでつけられます。たとえば骨からがんが発症した場合は、あとで肺に転移しても「骨肉腫」と呼びます。

　化学療法などを行ったあとにがんが全く見えなくなることを寛解といい、そのあいだはがんの症状がまったく出ず、検査でもまったく見つかりません。

人間と動物がかかるがんは次の5つに分けられます

癌腫
　皮膚や、内臓をおおう組織にできる。犬のがんの中でも群を抜いて多い。

肉腫
　骨や軟骨、脂肪、筋肉、血管といった結合組織にできる。

白血病／リンパ腫
　骨髄やリンパ節など血液細胞をつくる組織に発症する。

中枢神経系のがん
　脳組織、脊髄、神経細胞に発症する。

メラノサイト（黒色細胞）のがん
　主に皮膚や粘膜などにできるが、癌腫でも肉腫でもない。

がんは予防できるか？

　がんが防ぐことのできる病気なら、この本は必要なかったでしょう。残念ながら「がんを完全に予防することは不可能」です。けれども私たちの心がけ次第で、ある種のがんになる危険性を抑えることはできます。たとえば、庭にまく除草剤をなめてしまうと、薬剤に含まれている「2,4-D」という化学物質が、ある種のがんにかかるリスクをほぼ2倍に高めると言われています。ほかにもたばこの受動喫煙は、がんのリスクを高める要因として考えられます。

たばこの煙も、がんの危険性を高める要因になります

　また、床用ワックスやその他の多くの掃除用品など、日用品も危険性を高めることがあります。人間がワックスをかけたばかりの床を歩き、足の裏や内履きに何らかの化学物質が付くぶんには問題ありません。しかし同じようにその床を歩く犬の足にも化学物質は付きます。あとで犬が自分の足をなめると、化学物質が体内に入ってしまいます。同じことが舗装されたばかりのアスファルト道路を散歩したときにも起こり得ます！　ですから、できるだけ化学物質が入っていない天然製品を使うことは、犬をがんの危険から遠ざけるひとつの方法です。

　太陽光を長時間浴びることも、皮膚がんなどの危険性を高める要因になります。特に毛の短い犬や皮膚の色が薄い犬は気をつけてあげましょう。もし愛犬が長時間外に出ているなら、日陰のある快適な場所を見つけてあげて、そこに居させるようにしましょう。

> 犬のがんのうち、ほぼ確実に防げるのは生殖器にできるがんだけです。雌犬の乳がんを防ぐには、最初の発情期の前あるいは2歳半より前に避妊をすればよく、また、卵巣のがんも避妊手術で予防できます（猫の乳がんを予防するには、1歳以前の手術が必要です）。雄犬の精巣腫瘍を防ぐには去勢をすれば済みます。早いうちの避妊や去勢が古くから奨励されてきた理由のひとつはこういったことにあるのです。
> 　しかし最近の研究では、大型犬では1歳以前の避妊手術で乳がんがほぼ防げるかわりに、骨のがんの発生がやや高まるという報告があります。このため、大型犬では避妊手術は1歳を過ぎてから行うとよいとされています。

がんは移るか？

　いいえ、がんは伝染しません。ところが、例外といえば例外とも考えられる場合がふたつあります。ひとつは犬の可移植性性器肉腫という「がん」で、これは交尾や生殖器をなめる行動で犬から犬へ伝染します。しかし、可移植性性器肉腫は、ほかの犬に発生した「がん」が移るもので、自分の細胞ががん化したわけではないので、真のがんではなく、いわゆる寄生生物なのです。
　もうひとつは、猫白血病ウイルスが猫から猫へ伝染し、これによってリンパ腫や白血病が発生することがありますが、これもがん自体が伝染するわけではありません。

年をとった犬だけががんになるのか？

　一般的に犬ががんになりやすくなる年齢は、小型犬で7歳くらいから、大型犬で5歳くらいからです。がんになる確率は年をとればとるほど高まります。とはいえ、若い犬ががんにかからないわけではありません。がんは何歳でも、生後6か月の子犬でさえ発症する可能性はあります。しかし若い犬ほどがんのリスクは低いといえます。

犬のがんの多くは人間のがんと同じようなものですが、ひとつ大きな違いがあります。通常、人間ががんにかかるリスクは誰でも同じです。どこに住んでいるか、肌の色は何色か、背は高いか低いか、痩せているか太っているかは関係ありません。

ところが犬は犬種によって特定のがんにかかるリスクが変わることがあります。ある犬種ではリスクが高いが、ほかの犬種では低いというようながんがあるのです。たとえば黒色腫（メラノーマ）、皮膚腫瘍がこれに当てはまります。ドーベルマン・ピンシャーとミニチュア・シュナウザーがかかる黒色腫は良性が多いのですが、ミニチュア・プードルがかかるとほぼ確実に悪性です。

たとえばゴールデン・レトリーバーなど、一部の犬種はほかの犬種よりもがんになる確率が高いです

犬がもっともよくかかるがん

犬のがんの種類は100種を超えていて、そのすべてをとりあげることはできません。本書ではもっとも一般的な種類だけを説明します。がんの種類によって、なりやすい犬種というのがあるため、各説明ごとにその犬種名も挙げています。

愛犬が実際にかかっているがんについての疑問は、遠慮せずに担当医に尋ねてみましょう。話が専門的すぎると思ったときは、遠慮せずわかりやすい言葉に言い換えてもらってください。わかるまで聞き続けることが大切です。

肥満細胞腫

> ボクサー、パグ、ボストン・テリア、イングリッシュ・ブルドッグ、ブルマスティフといった短頭種。ゴールデン・レトリーバー、ラブラドール・レトリーバー、ビーグル、シュナウザー、雑種も高リスク。

　犬の腫瘍のうち、約3分の1は皮膚腫瘍で、そのうちの20パーセント以上が肥満細胞腫です。肥満細胞腫は「偉大なる詐欺師」と呼ばれたりもします。というのも、ぱっと見ただけでは無害で小さな脂肪腫や良性嚢（のう）腫にしか見えないからです。顕微鏡検査をしなければ、違いを見分けられないこともよくあります。そのため肥満細胞腫は早期に見つかればほとんどの場合、見通しが良好であるにもかかわらず、見つかった時にはすでに手遅れになっていることが多いのです。肥満細胞腫は皮膚のほかに、脾臓、肝臓、骨髄にもできます。このがんにかかる犬の大半は8歳から9歳以上です。

扁平上皮がん

> 皮膚：ブラッド・ハウンド、バセット・ハウンド、スタンダード・プードル、ダルメシアン、ブル・テリア、ビーグル、ボクサー
> 爪　：ラブラドール・レトリーバー、ジャイアント・シュナウザー、スタンダード・シュナウザー、スタンダード・プードルなどの毛が黒い犬種

　扁平上皮がんは、犬の皮膚がんの中で2番目に多い病気です。皮膚のほかにも、鼻、口、耳、爪によくできます。このがんが皮膚に見つかった場合、ほとんどは太陽光に当たりすぎたか、別の原因で慢性の炎症が続いていたことが原因です。さらに患部が複数の場所に見られることもあります。扁平上皮がんは肺やリンパ節など、別の部分に転移することもありますが、進行はほかのほとんどのがんより遅いです。しかし爪床にできてしまうと、ほかの部位にできる扁平上皮がんよりも進行が速いようです。

リンパ腫

> ボクサー、ゴールデン・レトリーバー、ラブラドール・レトリーバー、バセット・ハウンド、コッカー・スパニエル、セント・バーナード、ロットワイラー、スコティッシュ・テリア、エアデール・テリア、イングリッシュ・ブルドッグ

　リンパ腫は免疫システムのがんとよく言われます。リンパ腫は感染症に対する体の防衛反応において、大切な役割を果たすリンパ球という細胞ががんになるからです。このがんは中高齢の犬にもっともよく見られるがんのひとつです。体のどの部位にもできますが、リンパ節に一番多くできます。その場合、リンパ節が大きく腫れることが唯一の症状ということが多く、初期段階では、たいていは痛みもなく、熱も出ず、気分も悪くなりません。

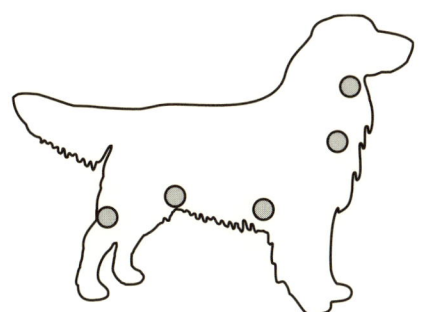

リンパ節の位置

　リンパ腫がリンパ節以外のところにできたときは、その場所によってさまざまな症状があらわれます。

骨肉腫

> 多くの大型犬（約 30 キログラム以上）、ロットワイラー、グレイハウンド、セント・バーナード、ドーベルマン・ピンシャーは、ほかの大型犬より高リスク。

　骨肉腫は犬にできる骨の腫瘍のなかでも一番多いがんです。非常に進行の速いがんで、たいてい高齢の犬や大型犬がかかり、小型犬にはめったに見られない病気です。また、雌より雄のほうがなりやすいようです。そのほか、成長まで比較的時間がかかる大型犬では、1 歳以前の早期に避妊手術や去勢手術をすると、この病気にかかるリスクが少し高くなるという研究結果も出ています。
　骨肉腫の症状には、骨（特にひじやひざ）の腫れや歩行障害などがあります。見つかったときには、ほとんどの場合がんはすでに肺にまで広がっていますが、その時点でもレントゲンでは確認できないことがよくあります。

血管肉腫

> 大型犬、特にゴールデン・レトリーバー、ボクサー、グレート・デーン、ジャーマン・シェパード、イングリッシュ・セッター、ポインター、バーニーズ・マウンテン・ドッグは高リスク。

　血管肉腫は骨肉腫と同じく、とても進行が速いがんです。このがんのほとんどは、皮膚の表面や皮下、脾臓、心臓、肝臓にできますが、すぐに体中に広がる可能性があります。転移しやすい一番の理由は、このがんが最初に発生する場所が血管の中であるためです。体中をめぐる血流を通してがん細胞が移りやすいという性質があるのです。このがんになりやすいのは 8 歳から 10 歳くらいの高齢の大型犬で、雌よりも雄に多い病気です。人が血管肉腫になることはめったにないので、ほかの多くのがんに比べるとほとんど何もわかっていません。内臓から発症すると、腫瘍が大きくなるか重い病気を引

き起こすまで症状が出ないことがよくあります。一方、皮膚に発症したときは比較的早く見つけられ、早めに治療ができます。ただし、内臓にできたものから転移して皮膚に現れることもあります。

組織球肉腫

> 大型犬、バーニーズ・マウンテン・ドッグがもっともリスクが高く、ゴールデン・レトリーバー、ラブラドール・レトリーバー、フラット・コーテッド・レトリーバー、ロットワイラー、ドーベルマン・ピンシャーもほかの犬種に比べ高リスク。最近ではウェルシュ・コーギーにもよく見られる。

　組織球肉腫は、免疫システムを担っている白血球の一種（組織球）ががん化したものです。異常細胞が血流にのって別の組織へ運ばれてしまうので、複数の場所で腫瘍ができることが多いです。バーニーズ・マウンテン・ドッグの場合は遺伝する病気だと考えられています。このがんは肺や肝臓、脾臓、骨髄、リンパ節、皮膚、脳でも見つかることがあります。肺が侵されているときには咳や息切れといった症状が多く見られます。肺から始まることもあれば、前脚の関節付近から始まることもあります。ほかにも発熱や体重減少、虚脱が見られるかもしれません。このがんが発生するのは多くの場合、中高齢になった犬です。

乳腺がんおよび精巣がん

> 乳腺がん：避妊をしていない5歳から10歳のすべての犬種。
> 精巣がん：去勢をしていない10歳以上のすべての犬種。精巣が片方、または両方とも腹腔内に残っている犬は高リスク。

　乳腺がんも精巣がんも、若いうちに避妊手術や去勢手術をすれば、ほぼ100パーセント発症が防げるという意味で、ほかのがんとは違います。乳腺

腫瘍は約 50 パーセントが悪性（がん）で、その場合は肺まで転移する可能性があります。乳腺腫瘍はどの乳腺でも発症しますが、一番多いのは 4 番目と 5 番目の乳腺です（下図）。

　乳腺腫瘍になると半数以上は複数の乳腺に腫瘍ができます。最初のうちは腫瘍は非常に小さくて固いのですが、そのあと急速に大きくなります。

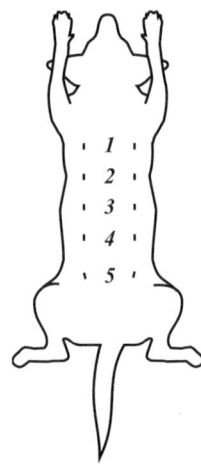

乳腺の位置

　精巣がんは精巣や陰嚢辺りが腫れます。いまは多くの雄犬が去勢手術を受けるため、昔に比べるとこのがんは少なくなりました。また、ほかの多くのがんと比べて病後の見通しも良好で、転移する確率も相対的に低いです。

がんが疑われる症状

　どんな種類のがんでも早期発見がとても大切です。発見が早ければ早いほど効果的な治療ができ、治る確率も高くなります。もちろん、実際にがんかどうかは獣医師にしか判断できませんが、飼い主さんもがんを疑わせる症状を知っておくべきです。すでに治療が始まっていても、常に小さな変化を見

逃さないようにすることが大切です。

　犬は自分の痛みや病気を気づかれないようにするのがとても上手ですし、たとえ望んだとしても自分の症状を飼い主さんに説明することはできません。ですから、ささいな兆候に気づいてあげられるかどうかは飼い主さん次第です。愛犬に普段とどこか違うところがあり、それがずっと続くようなら、かかりつけの動物病院で検査をしてもらったほうがよいでしょう。

　以下は飼い主さんが気をつけるべき異変のうち、もっともよくある兆候の例です（米国獣医がん学会作成のリストから転載）。

- 異常な腫れがなくならない、大きくなる。
- 炎症や傷がなかなか治らない。
- 体重が減る、または増える。
- 傷口や体の開口部から血が出ていたり膿が出ていたりする。
- 口臭などが臭う。
- 飲食がうまくできない。食欲がなくなる。おう吐が止まらない。
- 運動をしたがらない、持久力がない。
- 歩行障害やまひが続く。
- 呼吸困難、息切れがひどい、息づかいが荒い。
- 排尿がうまくできない、血尿が出る。
- 排便がうまくできない、下痢が止まらない。
- 皮膚、歯茎、粘膜に赤い斑点ができる、または歯茎が白い。
- 発作。

この中でひとつでも当てはまるものがあったとしても慌てることはありません。こうした症状が出たとしてもがんではなく、ほかの理由が原因ということも考えられるからです。心配したのに取り越し苦労だったということもあり得ます。とはいえいずれにせよ、愛犬を必ず病院へ連れて行き、気がついた症状を担当医に説明して検査を受けてください。

　中高齢の犬を飼っている人にさらにお勧めしたいのは、6か月ごと、もしくは最低1年に1回は病院で徹底的な身体検査をしてもらうことです。検査をすると、一見健康そうな犬にも隠れた病気が見つかることがあります。この定期検診をスタートさせる年齢は、体の大きさによって変わります。大型犬は小型犬より早く年をとるため、より早い時期から始めなければなりません。

9 kg まで：8 歳から 9 歳で開始
10–23 kg まで：7 歳から 8 歳で開始
24–54 kg まで：5 歳から 7 歳で開始
54 kg 超：4 歳から開始

犬のがん

あなたの犬は何歳？

下の表は、犬の年齢を人間の年齢に換算すると何歳くらいになるかをわかりやすく表したものです。

犬／人間　年齢類推表

犬の年齢	0–9 kg の犬 人間の年齢	10–23 kg の犬 人間の年齢	24–54 kg の犬 人間の年齢	>54 kg の犬 人間の年齢
3歳	～28歳	～29歳	～31歳	～39歳
4歳	～33歳	～34歳	～38歳	～49歳
5歳	～38歳	～39歳	～45歳	～59歳
6歳	～42歳	～44歳	～52歳	～69歳
7歳	～46歳	～49歳	～59歳	～79歳
8歳	～50歳	～54歳	～66歳	～89歳
9歳	～54歳	～59歳	～73歳	～99歳
10歳	～58歳	～64歳	～80歳	
11歳	～62歳	～69歳	～87歳	
12歳	～66歳	～74歳	～94歳	
13歳	～70歳	～79歳		
14歳	～74歳	～84歳		
15歳	～78歳	～89歳		
16歳	～82歳	～94歳		
17歳	～86歳			
18歳	～90歳			
19歳	～94歳			

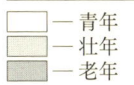

― 青年
― 壮年
― 老年

カンザス州立大学獣医学部 William D. Fortney 獣医学博士の年齢類推表より作成

第1章
診断

"あなたの犬は、がんです"。
　病院でそう言われたときの衝撃は想像をはるかに超えていたことでしょう。すでに何かがおかしいと思っていたかもしれません。それとも自分の犬に異変があるなんて考えもしなかったかもしれません。もしかしたら、いつも通り健康診断に連れていっただけだったのかもしれません。いずれにせよ、確かなことがひとつだけあります。その恐ろしい言葉を耳にした瞬間から、愛犬との暮らしは今までとはまったく違ったものになるでしょう。散歩をする、庭で遊ぶ、野原を駆ける、あらゆることが新しい意味を持ちはじめます。
　あなたの犬、あなたのかけがえのない友は、がんになってしまったのです。

　最初にショックや恐怖、混乱がおそってきて、信じたくない気持ちになったり深い悲しみに見舞われるでしょう。無理もありません！　それが自然な反応なのですから。
　けれど、つらくてどうしようもないそんなときでも、覚えておかなくてはならない大切なことがふたつあります。ひとつは、がんはとても深刻な病気ですが、ほかの病気と同じように治療できるということです。あなたの犬の一生はまだ終わったわけではありません！　あなたの犬はまだ生きています。今日も、明日も、もしかしたらずっと長いあいだ。そう、希望はあるのです！

　ふたつめは特に犬にとって、より一層大切なことです。落ち着いて考えて

みてください。犬ががんにかかっていることを知っているのは誰ですか？　自分ですよね。死ぬとはどういうことかを知っているのも、自分です。そう、当の犬は何も知らないのです。そして知る必要もありません！　あなたの犬は幸せで、それだけが犬にとっては大切なことです。だから忘れないでください。犬の目の前で悲しんでみせないこと！　犬は人の気持ちを感じ取ってしまうので、もしあなたの気持ちがふさいでしまったら、彼は自分が何か間違ったことをしたと思うでしょう。

> 犬はがんが何のことだかわかりません。死ぬとはどういうことかも知りません。だから怖がったり悲しんだりもしません。あなたも、いつもどおり、何も知らないかのように振るまってください。

　悲しい気持ちをひとまず脇に置いて、自分が幸せになるようなことを考えてみましょう。たとえば、朝起きたら犬を抱きしめて、今日ここに一緒にいられて自分がどんなに幸せかを伝えてあげるのです。自分自身にも言い聞かせたりすると、なおすばらしいです！　それを習慣にしてください。エネルギーを前向きな方向に使いましょう。たとえばがんについてもっとよく知るようにしてもいいでしょう。そういう本を買うことは前向きな第一歩ですし、もしもっと詳しく知りたければ、インターネットでたくさんの情報が見つかります。ただし、インターネットで見つけた情報などは、必ず担当医に相談してから試してください。

メモ帳とペンを持ち歩こう

　自分の犬ががんだとわかったその瞬間から、獣医師に尋ねてみたい疑問がいくつも思い浮かぶでしょう。もしくは獣医師に伝えておくべき新たな症状に気づくかもしれません。ただ、そういうことはすぐに忘れやすいものなので、小さなメモ帳とペンをいつも持ち歩きましょう。何か思いついたときに

書きとめられますから、次に病院へ行くときまで絶対に忘れません。同じメモ帳に、獣医師から聞いたことやアドバイスを自分にわかりやすいように書きとめるのもよいでしょう。こうすることで理解が深まり、話を覚えておくのに役立つうえ、家で再び目を通すことができます。のちのち治療が開始されるときに、そのメモが大切になってくるかもしれません。そのほかにも、病院が閉まっている時間帯にかけられる緊急用の電話番号があるかどうかを担当医に聞いておきましょう。もしあれば控えておいて、携帯電話に登録しておきます。

がんはどのように診断するか

　がんの疑いがあるときは、できるだけ早く詳細な検診を受ける必要があります。もしがんが見つかったら、健康状態と診断結果にもとづいて担当医が今後の見通しを判断し、治療ができるかどうか、さらにはどんな治療法がいいのかを話し合うことになります。

> すでにがんと診断されていても、治療方針を決めかねている場合は、第2章「治療に際して決めること」を読んでください。ただ、一度治療が始まれば決まった間隔をおいて、検査を繰り返すことになるので、本章で説明するさまざまな検査方法にも一度目を通されるとよいでしょう。

　担当医は診断にあたって、がんの種類や大きさ、ほかの部位に転移していないかを判断します。これを腫瘍の病期分類（ステージング）と言います。診断の際は犬にできるだけストレスをかけずに、多くの判断材料を得られるようにします。

　診断を確定するまでにはかなり時間がかかると思われます。一度で十分な情報が手に入ることはあまりないので、検査は繰り返し行う必要があります。また、血液検査や組織生検を外部の専門医にやってもらうことがあります。その場合は結果が分かるまで数日かかるでしょう。最終的な診断ができるようになる前に、これから説明するような検査をいくつか受けなければな

らないかもしれません。病院での検査は1日がかりで行われることがほとんどです。これからもっとも一般的な検査をご紹介するので、実際に受けるときにどんなことをするのか、なぜその検査が必要なのかを知るための参考にしてください。

これらの検査の中には、いま通っている動物病院ではできないものもあるかもしれません。より詳しい診察や治療を受けるために、そこでできない検査が必要になる場合は、別の病院か大学病院を紹介されるのが一般的です。

身体検査

飼い主さんから犬の症状を聞いたあと、まず獣医師が行うのは身体検査です。通常、症状が見られる部分だけでなく全身をくまなく検査します。聴診器を使って心臓と肺の音を聞いたり、目や耳、口の中を見たり、体温を測ったりします。がんで熱が出るとは限りませんが、がんによって起こる炎症が体温を上昇させることもあります。

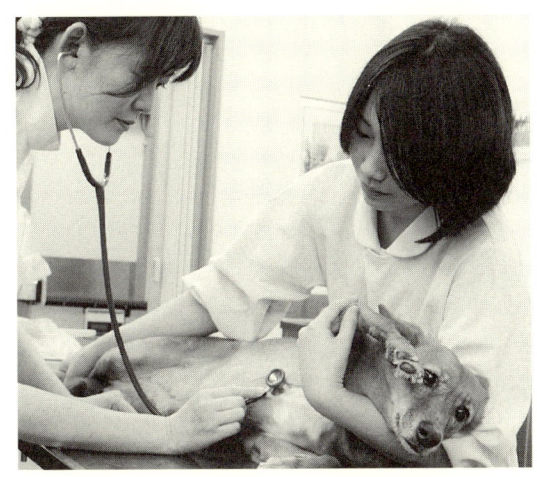

身体検査

身体検査のほかにも、血液や尿を採って検査をすることがあります。こうした検査によって健康状態が把握できます。何かおかしな点が見つかれば、詳しく調べなければならないところや、ほかの検査が必要かどうかを獣医師が判断します。さらに検査結果は、その犬が化学療法を受けられる状態かどうかを判断するためにも重要です。

　血液検査と尿検査は犬の健康状態を知るためにとても大切なので、がんに限らずほかの病気の可能性がある場合にも調べるのが普通です。獣医師が血液検査や尿検査をしたからといって、がんではないかと心配する必要はありません。

　身体検査の途中でしこり（腫瘍）が見つかったり、血液検査や尿検査の途中でがんの可能性がある異変が見つかったとしても、すぐにがんだと診断されるわけではありません。たとえば白血病のように、血液塗抹検査でしかわからないがんもあります。そうした一部の例外を除いて、がん細胞があるかどうか、あるとすればどんな種類かを調べるために行うのが生検です。

生検

　生検とは、しこりから組織の一部を取り出して顕微鏡で分析する検査のことです。組織を取り出すときは、細い注射針で吸引する方法がもっとも一般的です。獣医師が組織を採取するときは、判断材料に使える組織サンプルを取るために、細い針を挿入してから3～4回方向を変えて吸引しながら動かします。でも心配はいりません。採取は麻酔なしであっという間に終わるので、犬は針を刺されていることにほとんど気がつきません。しこりから取った細胞は、スライドガラスにのせて特殊な染料で着色します。これは顕微鏡で見たときに細胞を見えやすくするためです。顕微鏡写真を見ると青紫色に

見えますが、これは染料で色をつけたからです。

　ほとんどの場合、病院で待っているあいだに採取した組織の分析は終わり、診断結果が出ます。正確に判断できなくても、組織が良性か悪性のおそれがあるかはわかります。もし取ったサンプルが血液だけだったり、不十分な状態だったりした場合はもう一度採取します。

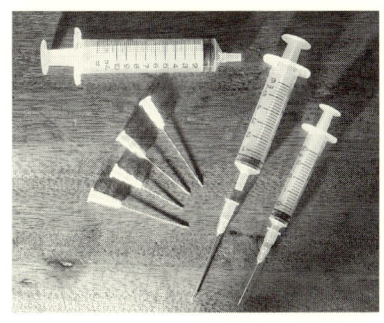

生検に使用する注射用の筒と針

　がんの疑いのあるしこりの大きさやその位置によっては、針による組織吸引では有効なサンプルが採取できないこともあります。そのときは外科的生検が行われるかもしれません。外科的生検には、切開生検と切除生検があります。切開生検はしこりの小片を採取するものですが、切除生検の場合は腫瘍全部とその周りの組織を取って「検査」と「完治を目標にした治療」の双方を目的として行います。複数の腫瘍がある場合や、腫瘍が大きすぎて切除することのリスクが大きすぎる場合は、通常、切除生検はしません。切除生検は事前に手術の内容について獣医師と飼い主さんが話し合って、飼い主さんの承諾を得ることが必要になります。

　外科的生検で採取した組織は特殊な溶液に入れて、病理医が分析します。針を使った生検よりも結果がわかるまでに時間がかかりますが、ほぼ確実に確定診断ができます。切除生検の場合は、病理医が出した分析結果で、腫瘍の周りの切除された組織ががんに冒されているかどうかもわかります。もし腫瘍の周りにがん細胞が見つかった場合は、可能であればさらに広く周囲を切り取る手術をします。

また、針による組織吸引は、針の表面に付着したがん細胞が針の通り道に沿って広がってしまう危険性がわずかながらありますが、通常は早期に診断するメリットの方が大きいので行います。たとえばリンパ腫という診断がついた場合は化学療法を行えば、がん細胞を効果的に殺すことができます。膀胱がんが疑われる時には皮膚への転移が起こりやすいのでカテーテルで尿材料をとります。外科的生検では危険性がより高くなるため、獣医師は生検を行う位置について慎重に計画を立て、針や外科用メスが触れたところを手術で一緒に取れるようにするでしょう。

> 　診断を確定し、今後の見通しを立てるためには、臨床検査や生検に加えて体内を見る検査も必要になることがあります。これにはふたつの理由があります。まずひとつは獣医師が実際に腫瘍を見ることでその大きさと位置を把握し、手術ができるかどうかなどを判断できるようにするため。もうひとつは、がんが肺など別の部位に転移していないかどうかを調べるためです。もしがんが最初の診察の時点ですでに転移していたら、多くの場合、今後の見通しは思わしくありません。体内を見るには画像診断という技術を使います。もっとも一般的なのは、超音波検査、X線検査（レントゲン）があり、さらに詳しく調べるときはCTスキャン、MRIが用いられます。

超音波検査（エコー検査）

　超音波装置は産婦人科で、妊娠している女性のお腹の中にいる胎児の様子を見るためによく使われています。これと同じ技術が動物の診断にも広く活用されています。超音波装置は高周波を放出して体を走査し、内臓と組織に反響した音波を元にリアルタイムの動画を映します。画像は反響音を元に作られるので、超音波は「エコー」と呼ばれたりします。この画像は印刷したりハードディスクに保存することもできます。

第1章　診断

超音波検査

　超音波検査では、調べる場所の毛を剃ることもあります。肌にジェルを塗り、装置を直接肌に当ててゆっくり動かしながら検査していきます。このジェルは装置と肌を密着させるために必要なものです。超音波はとても安全な検査方法なので、犬を傷つけることはありません。麻酔も要りませんが、犬が暴れる場合は鎮静剤を使うことがあります。

　また、肝臓などの臓器の組織を採取するときに、針をどこに挿入するとよいか調べるためにも超音波装置を使うことがあります。一方、空気があると音波が遮ぎられてしまうので、空気で満たされた肺や肺の向こう側にある組織を調べるときは超音波装置は使えません。その場合にはX線検査を行います。

X線検査（レントゲン）

　X線検査、つまりレントゲンはもっとも基本的なタイプの画像診断方法で、もっとも古い方法でもあります。1895年に初めてレントゲン装置が完成しましたが、使用するのは極めて危険でした。それから幾度も改良がなされ、現在使われているものはとても安全性の高いものになりました。画像は鮮明で、患者が浴びる放射線量は最小限で済みます。病院によっては鎮静剤や麻酔を使うところもありますが、ほとんどの病院ではレントゲン撮影のあいだ獣医師や動物看護士が犬を押さえておきます。

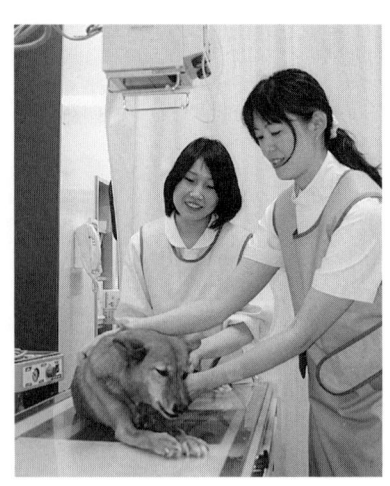

レントゲンの準備

　レントゲンで撮影できるのは二次元画像で、白黒の画像が写っています。骨のように密度が高い部分は白っぽく見え、軟部組織は淡い灰色に見えます。肺は空気でいっぱいなのでほぼ黒色に見えますが、もし肺にしこりがあれば灰色のかたまりが写ります。レントゲン画像は胸部や腹部、骨の検査に特に効果的です。

　身体検査、血液や尿検査、生検、超音波検査、レントゲン検査をすれば、ほとんどの場合、診断するのに十分な情報が手に入ります。もしそれでも異常部位が見えないときは、よりはっきりした画像で調べるために、CT検査やMRI検査が勧められるでしょう。

　CTやMRIを撮るための装置を備えている動物病院は、まだ多くはありません。ですから、たいていは大学病院に頼まなければなりません。ただし時間がかかります。大学病院のスケジュールは過密状態なのでかかりつけの病院から特別に申請してもらったとしても、検査を受けられるまで2週間から数か月ほどかかります。

　大学付属動物病院のリストは付録3を見てください。

　なお、最近では、CT検査やMRI検査をすぐに行ってくれる診断センターもできてきました。

第 1 章　診断

コンピュータ断層撮影（CT スキャン）

　CT スキャンはレントゲン検査と同様に、X 線を使って組織や骨を走査していきますが、レントゲンと違うのは出来上がりの画像を構成するためにコンピュータを使うところです。CT スキャン中は何百枚もの写真を撮ります。その 1 枚 1 枚が体の断面を写しています。そして、装置に内蔵されたコンピュータが、何百枚もの断面図をもとにすぐさま詳細な 2 次元や 3 次元画像を構成し、さらにその画像を技術者が微調整します。できあがった画像には筋肉や脂肪などの軟部組織と、骨や血管がはっきり写っています。CT スキャンを行えば、腫瘍を確認することもできる上、その大きさを測ることもできます。

　写真を撮っているあいだ犬はじっとしていなければならないので、動物を CT スキャンにかけるときは全身麻酔をかけます。スライドする台の上に寝かせると、台ごとゆっくり CT 装置の中へ入っていき、さまざまな角度から写真を撮ります。CT スキャンで犬が傷つくことはありませんし、放射線量も最小限に抑えられているので安全です。

磁気共鳴画像（MRI）

　やわらかい腫瘍はレントゲンや CT スキャン画像では見えない場合があるため、MRI を使った検査を勧められるかもしれません。CT スキャンと同じく MRI も体の断面の写真を撮りますが、放射線は使われません。かわりに MRI では強力な磁石を使って体を走査し、データを集めます。このデータを元にコンピュータで 2 次元や 3 次元の画像を構成します。通常、MRI 画像は CT 画像よりもコントラストがくっきり出ます。

　MRI はスキャン中、磁場をつくるコイルに流す電流のスイッチを入れたり切ったりするので、トントンというかなり耳障りな音がします。しかし、犬はスキャン中に動かないよう全身麻酔をかけられるので気がつかないで

しょう。MRI検査には10分から60分くらいかかります。犬に痛みはなく、とても安全です。

診断の確定

全ての検査が終了したら、担当医がだいたい次のようなことを教えてくれます。

- 本当にがんかどうか
- どのようながんか
- どの程度進行しているか
- ほかに転移している場所はないか

こうした診断結果をもとにして、今後の見通しについて担当医から説明があり、治療の選択肢を一緒に話し合うことになります。しかし、担当医がどんな治療をするかを決めることはできません。それをするのは飼い主さんです。担当医のアドバイスに自分の状況を含めたうえで、どの治療法を選ぶか決めてあげてください。

> 愛犬ががんだと診断されたら、いま食べさせている物をあげ続けるのはベストではないと思われます。普通のペットフードはがんと闘う体を支えるようには作られていないからです。自分の犬にはどんな食べ物が一番よいのかを獣医師に聞いて、できるだけ早く新しい食生活に変えてあげましょう。

第 1 章　診断

　愛犬ががんだとわかったら、悲しく、不安になることでしょう。でも、あなたの犬は検査が全部終わって、一緒に家へ帰れるのが嬉しいのです。彼はあなたがなぜ悲しんでいるのかわかりません。だから一緒にいるときは楽しく振るまってください！

第2章
治療に際して決めること

　診断で間違いなくがんであることがわかったら、飼い主さんには難題が待ちかまえています。それは病気と闘うために、どんな治療方法を選ぶか決めるということです。獣医師は特定の治療方針を勧めたり、実際にいくつかの選択肢を挙げたりしますが、最終的に決断しなくてはならないのは飼い主さんです。そのときに大切なのは、獣医師の話をすべて、きちんと理解することです。もしわからなければ質問しましょう。そしてそれでもまだわからなければ、わかるまで繰り返し聞きましょう！　どんなことでもメモをとっておけば、家へ帰ってから見直すことができます。話の中に出てきた難しい医学用語をインターネットで調べたいと思ったときは、どういう字を書くのか教えてもらってください。さらに、愛犬の病気や治療に参考になる本などがあるかどうかも聞いてみましょう。

　担当医の話を聞いたあとすぐに決断することはまずできないでしょうから、時間が必要だと遠慮なく言いましょう。この時点では、犬のことを考えるだけではなく、自分自身のことを考えることもとても大切です！　自分の犬ががんだということはひどくショックな出来事ですし、さまざまな感情に打ちのめされてしまうかもしれません。まずは気持ちを整理することです。そうすれば冷静な判断ができます。病院で聞いてきた話をすべて検討するまで時間をもらいましょう。家族や仲のよい友人と話し合うことも必要でしょう。もし話せる相手が近くにいなければ愛犬のかたわらに寄り添い、いまの気持ちや心配ごとを打ち明けましょう。もちろん、犬に話すときは静かな口

調で。前に述べたように、犬の前で悲しそうな顔をしてはいけません。こうして話していくと病院で聞いてきたことを整理して考えやすくなります。とはいえ、次の診療予約まで日があきすぎるのはよくありません。早期治療は早期診断と同じように大切なことですから！

> もし担当医の診断に確信が持てないのなら、別の動物病院や大学病院に行って、セカンドオピニオンを聞くことができます。その際、いま通っている病院からこれまでの検査結果のコピーがもらえるはずなので、同じ検査を繰り返す必要はありません。コピーの手数料はほとんどかからないでしょう。
> しかし別の獣医師の意見を聞いているあいだも時間は過ぎていきますから、治療を始めるのが遅れてしまうリスクも考えておかなければなりません。そのため、セカンドオピニオンを聞くのは、それなりの理由があると思ったときだけにした方がよいでしょう。

簡単な答えはない

　理想的なのはこれからすべてのがんをリストアップして、それぞれの場合ごとにどうしたらいいのか、どう決断するべきかをお話しすることでしょう。しかし残念ですが、それは容易なことではありません。がんはその種類ごとにまったく違った症状を起こしますし、当然、犬種が変われば性質も異なります。たとえがんの種類とかかった犬種が同じであったとしても、がんの大きさや発生した部位、犬の年齢や健康状態、性格といった条件次第で治療方法も変わります。

　さらに飼い主さんの個人的な事情や方針も、決断するときの決め手になります。まったく同じ状況下におかれても、ある飼い主さんは積極的治療を選び、別の飼い主さんは痛みだけを抑えてあとは見守るという方法を選ぶかもしれません。どちらの飼い主さんも自分の犬にとって一番よいと思えることを選んだのです。
　ですから、本書ではあなたに代わって判断したり、こうしなさいとは言い

ません。その代わり、さまざまな治療方法について説明し、治療法を決めるときに注意すべきことをお話ししていきます。そうすればできるかぎり最善の用意をして治療方法を選べるようになります。間違った判断をするのでは、と心配しないでください。あなたは、ほかの誰よりも自分の犬について知っているのですから、どんな決断でもそれが一番、愛犬のためになると信じましょう！

第 2 章　治療に際して決めること

　こんなとき、もしあなたの犬が話せたらこんなことを言っているかもしれません…

　　お父さん、お母さん、

　　ありがとう！
　　毎日のご飯、毎日の散歩、毎日の……いろいろ、ありがとう！
　　本当にありがとう！

　　今日は大変だね。わたしのこと、どうするか決めないといけないんだよね。
　　でも心配してないよ。

　　わたしと少しでも長く一緒にいられるように、いろいろやってくれるってわかってるから。

　　あなたの決めることならどんなことでもいいと思ってるよ。だってわたしのことを愛してくれていて、わたしにとって一番いいことだと思うことをやってくれるんだから……。
　　だから大好き！

　　体に気をつけてね！
　　大好きだよ！
　　ありがとう！

　　あなたの犬より

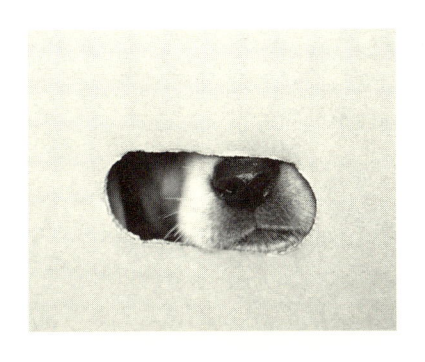

治療するか、しないか

　治療についてまず考えることは、どのように治療するかではなく、治療するかどうか、治療に踏みきれるかどうかです。「治療しないなどとんでもない」という意見も多いですが、実はとても現実的な選択肢のひとつです。治療を行わないというのは何もしないことではなく、獣医師の助けを借りながらがんの症状を抑え、愛犬が痛みを感じることなく、残された時間を快適に過ごせるように、その世話に全力を尽くすということです。

　治療をしない方を選ぶ理由のひとつが犬の年齢です。11歳の犬が治癒の見込みがないがんと診断されたとします。その犬種での平均寿命が9歳から12歳だったとしたら、数か月間、集中治療をしていくらか生きられる時間を引き延ばしたとしても、その日々は必要のない苦しみにさいなまれるだけかもしれません。生きられる期間ではなく、その中身を大事にした方が犬にとってよりよいこともあるのです。治療中や治療後に犬がどんなことを感じているか、もし犬自身が決められるとしたらどうしたいと思うかを、いつも考えてみましょう。

> 犬の平均寿命については、付録2の一般的な犬の平均寿命の表を見てください。ただし注意点があります。数字はあくまで平均に過ぎず、どんな犬にも例外はあるということです。

　場合によっては積極的治療が受けられないこともあります。それには3つの理由があります。まずひとつは医学的な理由。たとえばがんが進行したり転移したりすると、積極的治療ができないことがあります。ふたつめは個人的な理由。誰もが精神的なストレスをうまくコントロールできるわけでも、際限なく自分の時間やエネルギーを犬の治療に注ぎ込めるわけでもありません。最後の理由は当然ながらお金の都合です。がんの種類によっては治療費が数百万円ほどかかる場合があります。こんなときにお金の心配などしたくないと思うかもしれませんが、きちんと考えなければならないことです。

もし愛犬に保険をかけているなら、すぐに保険契約書のがん治療の保障が書いてあるところを読み、手続き通りに申請しましょう。ほとんどの保険が診断時の検査費用を保障対象に含めていますが、治療費の保障となると保険会社によってさまざまです。治療費の給付金額には限度があることが多く、ほとんどの保険では手術は年2回までしか保障してくれません。自分の契約している保険がどの程度保障してくれるかわからない場合は、その保険会社に連絡して聞いてみましょう。

犬ががんだと診断されてから、保険に入っても間に合いません。既に疾患があるペットの加入は難しいでしょう。がんの場合は特にそうです。ほかに飼っているペットがいれば、そのペットを保険に入れておいた方がよいでしょう。

もし過去12か月以内に犬に保険をかけているなら、保険がいまの時点で使えるかどうか調べておきましょう。保険会社ごとに違いますが、通常、加入してから60日〜120日までに発生した費用は保障してくれません。高齢の犬は11か月たたないと保障されない場合もあります。

積極的治療

　ペットのがんは見つかったときにはある程度進行していることが多いので、効果的な治療を行うためにいくつかの治療方法を組み合わせることがよくあります。この場合、目指すのはできるだけ完治の可能性を高めること、あるいは完治はできなくても症状が安定している状態をできるだけ引き延ばすことにあります。はじめから完治の見込みがないであろうとはっきりしているときには、緩和ケアという治療をすることがよくあります。この治療の目的は腫瘍の状態を安定させて、大きくなったり転移したりするのを抑え続けながら、犬にできるだけ快適な生活をさせてあげることです。

> 「緩和ケア」と「ホスピスケア」という用語は混同して使われることが多いのですが、本来は異なるものです。緩和ケアの場合は手術や化学療法、放射線療法といった治療も行うことが多いですが、ホスピスケアはどんな治療も選択できない状態のときに行います。

15歳のゴンタは、鼻にできた腫瘍の放射線療法と手術をして2年たった今も元気に過ごしています

　もっともよく行われるがんの治療法は3種類あります。それは手術、化学療法、そして放射線療法で、治療にあたっては単独の場合もあれば組み合わせることもあります。手術と化学療法は比較的大きめの動物病院ならほとんどのところで受けられますが、放射線療法が受けられるのはがん治療専門科がある病院や大学付属の動物病院に限られます。そのため獣医師の紹介があっても放射線療法を開始するまでに2週間から2か月、もしくはそれ以上待たされることもよくあります。

　この3つの治療法については次章で詳しく説明しています。本章では概要にとどめていますが、どの治療法を選ぶか決めるのに役立つポイントを紹介します。

手術

　手術は長いあいだペットが受けられる唯一のがん治療法でした。いまでも一番はじめに考えられるもっとも重要な治療方法です。体内からがん細胞を全て摘出して完治を目指すことが理想的で、切除しやすく、転移もしていない小さな腫瘍に対してはとても有効な方法です。

　しかし、手術だけでは十分でないケースもあります。腫瘍が大きすぎて安全に取り除けない場合や、腫瘍が数箇所に点在している場合、がん細胞がすでに転移してしまっている場合には手術だけではあまり効果的ではありません。それでも、治療の一部として手術をするかもしれません。というのも、大きな腫瘍を完全に取り除けないときでもできるだけ小さくしておくことで、化学療法や放射線療法といった、ほかの治療が成功する可能性が高まるからです。このように、腫瘍を一部摘出する手術を腫瘍減容積手術といいます。

　完治や症状が安定する見込みが少ない場合でも、痛みを和らげたり腫瘍の内出血や破裂などの合併症を防ぐために手術をすることがあります。その場合の手術は犬を楽にするための緩和ケアの一環になります。

　一番広範囲にわたる手術は断脚手術で、脚にできた腫瘍に対してはこれしかできないこともしばしばです。脚を切断するとなると、飼い主さんはがんが見つかったことに加えて、手術で脚が1本なくなってしまうということに不安になってしまいます。脚の切断を一大事に思うのは、実際は犬よりも飼い主さんなのですが、残念なことに、断脚が選択肢に浮上してきた時点で、あっさり治療中止を決めてしまう人もいます。一番大事なことは「犬の見た目がどう変わるか」ではなくて「その手術で命は助かるのか、もしくは長引かせられる見込みはあるのか」、「犬が感じている痛みを減らすことができるのか」であることは言うまでもありません。

犬は断脚手術をされても、多くの場合すぐに慣れます。特に若くて小さな犬は断脚後の状態に早く適応します。反対に、高齢であったり、大型の犬は慣れるのに時間がかかります。また、切断したのが前脚か後ろ脚かでも違いがあります。犬は前脚で体重の 75 パーセントを支えているので、大型犬や標準よりも重い犬は前脚を切断されると少し大変かもしれません。犬の年齢や体重によっては、担当医が断脚を勧めないこともあります。

ケンタ（10 歳半）のように高齢の大型犬は、脚を切断されると慣れるのに時間がかかるので、手術をするかどうか決めるときは、そういった事情も合わせて考えなければなりません

　断脚手術のあと、犬が 3 本脚で上手に動けるようになるまでの数週間は、飼い主さんが愛犬のためにさまざまな世話をしてあげなければなりません。車の乗り降りや階段の上り下りの際には、体を持ち上げてあげましょう。しかし、飼い主さんが高齢で犬が大型犬であるときなど、犬を持ち上げられないこともあります。そういった事情があるときは断脚という治療法を選ばないこともあるでしょう。
　第 4 章には断脚手術をした犬、いうなれば「3 つ足の勇士たち」の世話の仕方をまとめてあります。

> 　断脚手術は飼い主さんにとって受け入れにくい治療方法です。しかし、犬にとっては決してそうではありません。犬の社会的、美的基準は人とは違いますから、脚を失うことによる心理的な負担は人よりもずっと小さなものです。多くの犬はとても上手に順応して、普通の生活を送ることができるようになります。忘れないでください。犬は痛みが和らぎ、あなたと一緒にいて、おいしいご飯が食べられるだけで幸せだということを。脚の数が3本か4本かということは犬にしてみれば問題ではありません！

　どんな手術でも、受ける前に犬の体が手術に耐え得る状態かどうかを調べなければなりません。この検査で体力的に手術に耐えられないだろうとわかったら、犬の状態が良くなるまで延期しないといけないでしょう。もちろん担当医が手術をするかどうか、いつ行うか、そしてどんな手術かを説明するでしょうし、それにともなうリスクも教えてくれるはずです。現代的な麻酔薬とモニター装置のおかげで昔よりずっと安全になったとはいえ、リスクがまったくない手術はありません。

化学療法（抗がん剤治療）

　飼い主さんにとって化学療法という言葉はがんと同じくらい恐ろしい響きかもしれません。多くの人は人間が受ける化学療法しか知らないので、髪の毛が抜ける、おう吐や下痢、吐き気を起こすといったひどい副作用を連想します。

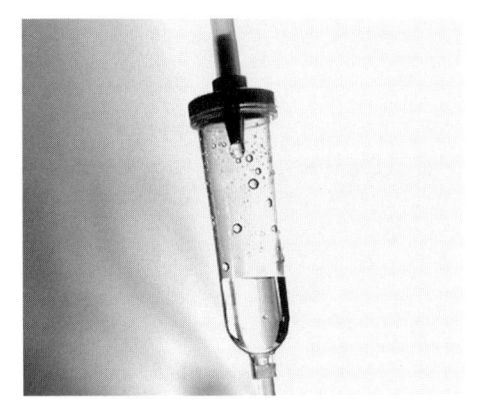

化学療法は「がん」に劣らず恐ろしげな言葉です…

　しかし、あまり心配しなくても大丈夫です。化学療法に使われる薬は人間のがん治療に使う薬と同じですが、用量はずっと少ないからです。多量の投薬による副作用にはたいていの飼い主さんが我慢できませんし、犬も耐えられません。低用量にする一番の理由は、そうすることでほとんどの犬が化学療法にとてもうまく適応し、副作用も出ないか、あってもわずかにすることができるからです。もし吐き気などの症状が出るようであれば、ほかの薬で抑えるようにします。

　化学療法でがんが完治することは多くはありませんが、ある種の腫瘍の成長を遅らせることができるとされています。がんの種類によっては化学療法だけが効果を発揮することもあり、症状がおさまって長期間安定する見込みが出てきます。それ以外に手術後の転移をなるべく防いだり、手術の前に腫瘍をできるだけ小さくしておくために行ったり、放射線療法と組み合わせて行うことがあります。
　しかし、残念なことですが、化学療法の効果がまったく出ない場合もあります。

放射線療法

　放射線療法はさまざまな治療法のなかで、間違いなく飼い主さんへの負担が一番大きい治療法です。腫瘍の種類やできた部位によっては、大学病院か専門の病院に3週間から6週間かけて、週5日くらいの頻度で通わなければなりません。放射線療法が候補に挙がったときには、そんなに長期間にわたってほぼ毎日、犬を病院に連れて行けるだろうか？　ということを考えなければなりません。入院治療ができることもありますが、入院期間が長びいたときの影響をきちんと考えておいた方がよいでしょう。

　もうひとつ飼い主さんにとって大変なのは、放射線療法にときおり見られる副作用を受け入れることです。化学療法と違って、放射線療法は腫瘍のある場所に直接放射線を照射するので、照射する場所と照射量によって、予想される副作用も変わってきます。この副作用はうまく抑えることができますし、すぐに消えてしまうことも多いですが、飼い主さんに十分な知識がなければ不安に思うでしょう。担当医が放射線療法を提案した場合は、治療中に予想される副作用について、詳しく説明を聞いておくとよいです。

　放射線療法は多くのがんにきわめて効果のある治療法であり、この治療で完治することもあります。放射線療法だけをするかもしれませんし、手術や化学療法と組み合わせて行うことも多いです。また、放射線療法は腫瘍を小さくして苦痛を和らげるためにも利用されます。この場合は緩和ケアの一環になります。緩和ケアとして行うときは、放射線の照射回数は積極的治療のときより少なくなるのが普通です。

治療法を決定する

　獣医師に、「積極的治療をしますか？」と聞かれたとします。そのときには次のようなことをよく考えましょう。治療をしたいか、したくないか、治

療に十分な時間とエネルギーを注げるかどうか、そして保険のあるなしを含めて治療費をまかなう余裕があるかどうか。治療が愛犬のためになるかどうか、飼い主さんとしてはじっくり考えなければなりませんし、獣医師に聞きたい質問もたくさん浮かんでくると思います。そこでまずは、担当医と話し合う次回の予約をとってしまいましょう。その日に犬を家に残してこれるか、ほかに面倒を見てくれる人がいるなら、あなた1人で病院へ行けば担当医との話し合いに集中できます。

　話し合いに行く前に、獣医師に聞きたいことをぜひメモ帳にでも箇条書きにしてまとめてみてください。そうすれば質問したかったことを忘れません。ひとつひとつの質問のあいだにたくさん余白をとっておけば、答えをその質問の下に書き込めます。

獣医師に聞いておくべきこと

　ここに担当医への質問リストの例を用意したので、自分のリストを作るときの参考にしてください。なかには診断の際にすでに答えを聞いた質問もあるかもしれませんが、そういった質問は答えと一緒にメモしておくとよいでしょう。こうするとメモ帳を見るだけで全体を把握できるようになります。もちろんこのほかにも気になることが浮かぶでしょうから、そうした質問はリストの最初に書いてください。また、独自に本やインターネットで調べたものがあれば、それも記入して一緒に持っていくとよいでしょう。

第 2 章　治療に際して決めること

質問することの例：

1. ① 治療をしない場合、あとどのくらい生きられるのか？
   ② そのあいだ犬の具合はどうなるか？
   ③ 快適で苦痛のない生活をさせることはできるか？

2. ① どの治療法が一番完治や寛解の見込みが高いか？
   ② その治療を選んだ場合、どんな最良の結果が望めるか？
   ③ 最悪の場合どうなるか？

3. ① この治療は犬にどんな影響があるか？
   ② 手術のあとや化学療法や放射線療法の最中、具合はどうなるか？
   ③ 一番あり得る副作用や合併症は何か？
   ④ それは飼い主が対処できるようなことか？

4. ① 治療費はいくらぐらいか？

5. ① もしこの治療がうまくいかないか、飼い主の方が耐えられなかったら、ほかの選択肢はあるか？
   （もし代わりの治療案があって検討の余地があればその治療法について 2、3、4 番目の質問をもう一度聞いてみましょう）

獣医師が挙げた最初の治療案を選ばなかったからといって、悪いことをしたと感じる必要はありません。獣医師がそのことで気分を害することはないですし、なんとか違う案を見つけようとしてくれるはずです。

　大切なのは、治療についてあなたがどう思っているかと金銭的な都合について担当医に説明しておくことです。ためらわないでください！　担当医は、飼い主さんの思いや受け入れられるぎりぎりの線を把握して、その人に合った選択肢を用意してくれるでしょう。たとえば、化学療法を提案されたとして、その費用が高すぎて支払えない場合、別案として薬の種類を減らしたり治療回数を減らしたり、またはその両方という案を考えてくれるかもしれません。ただし当然のことながら、こういった妥協案がすべての種類のがんに通用するとは限りません。

それでもどうすればよいかわからないときは？

　すべての話を検討しつくし、質問にもすべて回答が得られたのにもかかわらず、どうするか決められなかったら、担当医の提案に乗るという方法もあります。けれども、担当医が代わりに決めるというのは飼い主さんの決断に獣医師が責任をもつことになるためできません。ですから尋ねてみるとよいでしょう。「もし自分の犬だったらどうしますか？」と。そしてその答えが自分のしてほしいことだと伝えればよいのです。

承諾書

　決めた治療方法が入院をともなうなら通常は承諾書にサインを求められます。これは基本的に、治療中および治療後に何かおかしなことが起こっても病院側は一切責任を負わない、という免責条項がついています。この承諾書へのサインを断ることはできません。サインをしなければ治療はされず、飼い主さんと愛犬は、自分で何とかするしかなくなります。

罪悪感を感じてはいけない、後悔してはいけない

　飼い主さんが決めた治療をした結果、どうなるかは誰にも予想できませんし、もし違う選択をしていたらどうなったかも誰にもわかりません。ですから決断を下したら、あとは自分を責めたり、「もしこうしていたら……」とくよくよしたりするのはやめましょう。どんな選択でも、それが正しかったと受け入れて、過去を振り返らないことです！

1. まずは自分の気持ちを整理しよう
2. 質問したいことのリストを作ろう
3. 担当医と話し合おう
4. 決断しよう
5. 後悔しない！

「予期悲嘆」に陥らない

　治療方針を決めたとき、もしかしたら担当医からあなたの犬があとどのくらい生きられるか、という見通しについて話をされるかもしれません。突然、あなたは愛犬に残された時間を知らされます。病気の見通しを聞くのは、初めて犬ががんだと聞いた瞬間より衝撃が大きいことさえあり、多くの飼い主さんはいわゆる「予期悲嘆」という状態に陥ります。自分の犬がいなくなったあとどうなってしまうかを想像すると、どんなにその匂いが、吠え声が、そのほかあらゆることが恋しくなるかを考え始めてしまいます。そんなことをしているあいだずっと、犬はすぐそばに座っているというのに！　非常に多いのが、こうした気持ちが強すぎるために、愛犬と一緒に過ごせる残りの時間がめちゃくちゃになってしまうことです。

　このように先回りした悲しみはエスカレートしがちなので、ここに強力な対処法を提案しましょう。もし自分がこの状態になっていると気づいたら、この本を脇に置いて自分の犬をじっと見つめてください。彼は死んでいるように見えますか？　もちろん違います。余命の告知は犬にとっては大したことではありません。なぜなら犬は明日のことも、そのあとのことも考えませんし、もし考えたとしても死ぬことがどんなことかわからないからです。だからどうか、犬と自分自身のために、彼がもう死んでしまったかのようにふるまわないでください。代わりに犬を強く抱きしめて、今日を一緒に過ごしていることを喜びましょう！

第2章 治療に際して決めること

　治療法を決めてしまったら、愛犬の命はこれまで以上にあなたの手にゆだねられます。これを機会に、長いあいだ愛犬から受け取ってきた無償の愛や幸せに報いてあげましょう。今この瞬間から、これまでになかったほど自分の犬と寄り添って過ごすのです。その時間をいとおしみ、感謝しましょう！

第 3 章
治療

　がんと闘うためにどの治療をするかを決めたら、次はもっと詳しく治療のやり方を知りたくなるかもしれません。治療の当日は愛犬を動物病院へ連れていき、獣医師の手に委ねることになるはずですから、「あの扉の向こうで何をしているんだろう、私の犬はどうなるんだ？」と思うことでしょう。担当医に質問すれば大まかに説明してくれるとは思いますが、ひとつひとつの手順まで説明してもらう時間はありません。

　そこで本章では、もっとも一般的な 3 種類の治療方法である外科手術、化学療法、放射線療法を取りあげ、それぞれの治療の基本的な流れを説明していきます。もちろん、ここで説明するやり方と実際の治療方法がいくらか異なることもあります。各病院ごとに治療の手順は決まっていますし、まして手術ともなればどんな手術かによってやり方が大きく変わってきます。とはいうものの、治療の流れはだいたい同じですから、本章の説明を読めばあなたの犬が病院でどんな処置を受けるのか、またなぜそうされるのか参考になるはずです。

　なお、治療中や治療後に起こり得る合併症についても、ここで説明しています。これについては「起こり得る」だけで、「ほとんど確実」と言っているわけではありませんので気をつけてください。合併症は起こるかもしれませんが、めったにあるものではありませんし、担当医が予防のためにあらゆる手をうちます。犬の状態は治療中も治療後もつぶさに観察されるはずで

す。どんな治療であっても、ここに書かれていないことで心配になったり気になったりすることがあれば、迷わず担当医に聞いてください。

> 　手術、または放射線療法の施術日が決まったら、前日の夜から手術の時間まで犬に食べ物や水を与えないように指示が出るでしょう。これをきちんと守ることがとても大切です。たしかに犬には気の毒なことですし、「ほんの少しなら」と思うかもしれませんが、絶対にあげてはいけません！　飲食を禁止するのは、手術や放射線治療のために全身麻酔をかけたときに、犬がおう吐するかもしれないからです。もし吐いたものが気管や肺につまったら、窒息や誤嚥性肺炎を起こすおそれもあります。
> 　くれぐれも食べ物のあるところに犬を近づけないようにしましょう。ビスケット1枚でもいけませんし、ゴミ箱の中身にも注意してください。もしほかにペットを飼っているなら、水は別の部屋に水入れを持って行ってそこで飲ませましょう。犬がトイレの水を飲んでしまわないように注意も必要です。
> 　戸外では草や葉などを食べてしまうかもしれませんし、雨水がたまっていれば飲んでしまうかもしれませんので、散歩に連れていくときはひもは短く持っておき、庭でも目が届くようにしておきましょう。
>
> 　もし注意していたのに何かを食べるか飲むかしてしまったら、病院へ連絡して施術の日をずらしたほうがいいかどうかを聞いてください。

あなたにできること

　飼い主さんにとっても犬にとっても治療当日の無用なストレスを防ぐことが大切ですから、きちんと何もかも用意ができているか確かめておくとよいでしょう。もし病院側から何かしら書類をもらっているなら、前日までにじっくり目を通しておき、必要な準備をしておきましょう。聞きたいことや心配ごとがあれば病院に電話し、薬を処方されている場合は、治療当日の朝その薬を飲ませるべきかも確かめてください。

　決まった時刻に病院に予約をいれたのなら、早めに家を出ておけば余裕を

もって着けます。家を出る前や病院に入る直前に、少し散歩させて排泄する時間をあげるともっといいでしょう。

　特に初めてのときは難しいでしょうが、治療のために愛犬を病院に置いていくときは、自分の感情を抑えておくことが大切です。犬は落ち着かせておきたいですし、感傷的なお別れは犬を慌てさせるだけでしょう。だから、ただ数分だけそばを離れるんだというふりをして、抱きしめてあげたら、あとは担当医に任せてください。

　そのあとは受付で自分の電話番号が正しく登録されているか確認しておけば、必要なときに連絡してもらえます。2日以上入院するときは、面会時間や面会で制限されることについて聞いておいてもよいかもしれません。

手術

　いまの動物病院の手術室は人の病院の手術室とほとんど同じで、手術はきわめて清潔な環境で滅菌した器具を用いて行われます。けれど違うところもあります。人間のがん手術の場合、医療チームには腫瘍外科医と麻酔専門医も加わります。一方、犬の場合は、こうした専門医がする仕事を、たいがいは担当医が責任を持って動物看護士と協力して行います。腫瘍専門獣医師が相談役につくこともありますが、通常は手術には立ち会いません。

第3章 治療

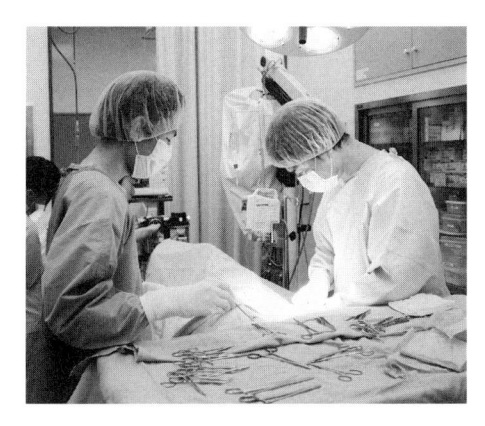

最新設備の病院では人の場合と同じくきわめて清潔な環境で手術を行います

　大学の動物病院や、がん治療を専門にしている動物病院の腫瘍専門獣医師は、おそらく立ち会うだけでなく自ら執刀もするでしょう。もし運よく腫瘍専門獣医師がいる病院の近くに住んでいるなら、治療の一部、もしくは全部をそこでしてもらうよう担当医から勧められるかもしれません。獣医腫瘍科認定医がいる大学病院の一覧は付録3を見てください。

　がんの治療で手術をするのにはいくつかの理由があります。
　正確な診断を出すための最終段階として外科的生検という手術をすることもありますし、緩和ケアの一環として痛みを抑えたり、症状を楽にさせてあげるときにも手術をすることがあります。ときには腫瘍の一部を取り除いて、化学療法や放射線療法などの別の治療が成功する確率を上げたいときにも手術をします。

　しかし、もっとも一般的なのは、一回ですべての腫瘍を完全に取り除く手術、つまり完治を目指した手術です。がん細胞がまったく残らないように腫瘍を切除するだけでなく、その腫瘍と接する健康な組織も取り除きます。摘出した組織片は病理診断医のもとへ送られて、外側の健康な組織にがん細胞が少しでも含まれていないか確かめます。この方法で腫瘍の摘出手術がうまくいった場合は、ほかのどんな治療方法よりも多くのがん患者を救うことができます。

手術をするときには、それが完治を目指したものなのか、緩和ケアのためなのか担当医に説明してもらいましょう。

手術前の準備

　手術当日、担当医は麻酔のリスクを最小限にするために、まず犬の体重を記録し、そのあと犬が手術に耐えられる体かどうかを確認するでしょう。通常は簡単な身体検査をして、血液検査で腎臓や肝臓、そのほかの臓器が正常に働いているか、異常はないかを確認します。最初の診断から時間がたっているなら、さらにレントゲン検査や超音波検査をして、がんが広がっていないか調べるかもしれません。検査の結果、何らかの異常があって手術ができない、もしくは予定をずらしたほうがいいとなれば、担当医と今後の治療方法を相談することになります。

　もし検査の結果に問題がなければ、目前に迫る手術に備えて、たいていは鎮静剤や精神安定剤を投与して犬の気持ちを落ち着かせたり、鎮痛剤を与えることもあります。手術前に鎮痛剤を与えることで麻酔の量を減らすことができるので、手術後の回復が早まると考えられているからです。

　鎮静剤が効いてきたら、いずれかの脚の毛を一部剃って静脈内留置針を入れます。この留置針を使って静脈内に輸液を入れ血圧を安定させるだけでなく、手術中にほかの薬を素早く効かせたいときに、注入してすぐに血流に乗せられるようになります。
　留置針を装着して静脈内に輸液が入り始めたら、担当医か動物看護士が犬を手術台に乗せて、麻酔薬を投与する準備を始めるでしょう。

麻酔

　麻酔薬の種類は豊富で投与の方法もさまざまです。神経の周囲や筋肉の中に局所注射することもありますが、一般的に手術中の麻酔はたいてい静脈内に注入するか気体で吸入させます。どの麻酔薬を使うか決めるのは担当医ですが、犬の年齢や体の状態、予定されている手術の種類などを考慮して決め

られます。とはいえ、現在はガス麻酔を使うやり方がもっとも一般的といってよいでしょう。

ガス麻酔を使うときはまず、ごく短時間作用する麻酔薬を注射します。意識がなくなったら気管にチューブを入れ、その端を麻酔器につないで麻酔ガスを酸素と一緒に流します。酸素に混ぜるガスの濃度を変えることで、麻酔の強さを素早く調節できます。手術のあいだは心拍、呼吸速度、血圧、そして酸素濃度といった生体反応を観察し続けて、調節の必要があるかどうか見きわめます。手術が終わり、傷を縫合したら麻酔ガスを止めますが、気管チューブは意識が戻るまでのおよそ数分間そのままにしておきます。自発呼吸をするようになって気管チューブを外したあとは、意識がはっきりするまで酸素をかがせます。

> 高齢な犬ほど麻酔に危険がともなうのは事実ですが、現在使われている麻酔薬は昔よりずっと安全になっています。注入型麻酔は拮抗薬を与えるとすぐに回復しますし、吸入型麻酔は供給を止めれば酸素だけが残るので、すぐに回復します。特にがんの手術の場合、手術で受ける恩恵と麻酔のリスクを比べたら、手術のメリットの方が大きいでしょう。
> もし麻酔を使うことに不安があるなら、担当医にどんな種類の麻酔を使うのか、状態をどのように観察するのかを説明してもらいましょう。

犬は意識が戻った直後はまだ少しふらふらしているので、入院用ケージか集中治療室（ICU）に運ばれて、安全に回復したとわかるまで観察されます。おそらくこのとき担当医が飼い主さんに電話して手術の結果を簡単に報告し、いつから面会できるか教えてくれるでしょう。

集中治療室

最初の面会

　愛犬が手術を受けているあいだ、家で待つのは苦しいことです。手術の日は人生の中でもっとも長い1日に数えられるかもしれません。ようやく担当医からの電話が鳴り、あなたは病院へ駆けつけます。「どうなったんだろう、大丈夫なのか？」と思いながら。
　犬は多分まだ少しふらふらしているかもしれませんが、飼い主さんを見たら喜ぶくらいに意識がはっきりしているでしょう。ですから、あなたが手術後の犬の姿にショックを受けていたら、すぐに感じ取ってしまいます。「自分が何かよくないことをしたのかも」と慌ててしまうかもしれません。
　確かに手術後の愛犬の姿は衝撃的です。手術されたところは美しい毛がそられ、縫合した傷跡は想像していたよりも大きく、傷の周りを赤や紫、黄や黒色のあざがとりまいているかもしれません。

　しかし、犬に自分のショックを感じ取られないようにしなければいけません。手術をするとどんな状態になるのかをあらかじめ知っておき、犬と会ったときに決してネガティブな気持ちにならないことが大切です。毛や傷跡、あざについては心配しなくても大丈夫。毛が剃られたのは手術部位が見えるようにするためと、感染症を徹底的に防ぐために皮膚を清潔に保つ必要があったからです。毛は時間がたてばまた生えてきます。あざも数日たてば薄くなってきます。あざの原因は傷の周りの内出血で、身体の自然な反応であ

ると同時に治癒への第一歩です。手術創はどうでしょうか？　もちろん、思ったより大きいでしょう。というのも手術では治る可能性を高めるために、腫瘍だけでなく周りの組織も一部切除するからです。しかし大きい傷だからといって治るのに時間がかかるとは限りません。傷は両側から治っていくので、見た目よりは早く閉じていくからです。

　ですからどうか心配しないで！　ショックを受ける代わりに愛犬を喜ばせられるように心の準備をしておきましょう！　無事な姿を見られてどんなに嬉しいか伝え、手術に耐えたことをたくさんほめてあげてください！　あなたの愛犬はずっと苦しい思いをしてきました。いまだに何が起きているのかよくわかっていません。だから飼い主さんに安心させてもらいたいのです。

　さあ、最高の笑顔で話しかけてあげてください。「よくがんばったね！」、「おつかれさま」と。

　あなたの犬はずっとその言葉を待っていたのです！

入院

　手術が終わったらすぐにでも家へ連れて帰りたいでしょうが、しばらくは病院で安静にさせなければいけません。手術が終わって数日間はじっくり状態を観察する必要があるからです。感染症や麻酔の後遺症、そのほか可能性のある合併症などの兆候があっても、病院にいれば初期の段階でくいとめることができます。病院内では鎮痛薬も必要時には素早く投与、調節でき、点滴や抗生物質なども静脈内に注入できます。犬はまだまだ弱っていて早く回復させてあげなくてはいけないので、病院で過ごすのが一番です。

(写真：井上敬子)

病院には愛犬の身を安心してまかせられる人たちが待っています

　入院させることがかわいそうとか、さびしがるんじゃないかと感じるかもしれませんが、特に最初の数日間はその心配はありません。おかしなことを言ってるように聞こえるかもしれませんが、ケージの中で一人っきりでいることこそ犬が望むことだからです。体が完全に回復しきっていないので、体力を取り戻すべく静かで孤立した空間を必要としているのです。

　愛犬が病院で過ごしているあいだに、自宅のケージを掃除して寝床やブランケットなどを洗っておくと、帰ってきたあとさっぱりときれいになったところで休めます。清潔な環境は傷口からの感染症を防ぐためにも大切です。もし特別な食べ物が必要なら前もって買っておけば、買い物に割く分の時間も、犬と一緒に過ごすことができます。そのほか、何か必要なものがあれば用意しておきましょう。愛犬が帰ってくるまで、そういった用をこなしていくことで、そわそわするだけの時間を過ごさないですみますよ！

　もし家にまだ小さいお子さんがいるなら、病院へ一緒に面会に行くのは問題ありませんが、子どもと犬を二人きりにさせたり、しつこくちょっかいを出させないようにしましょう。全身麻酔をかけたあとの数日間は、犬もいつ

も通りにふるまえないことが多いので、興奮したり何の理由もなく噛みつくことすらあります。

どうすれば手術で完治したかどうかわかるか？

　手術で治ったかどうかを知る具体的な手立てはありません。時間だけが本当に治ったのかどうかを教えてくれます。腫瘍を完全に除去できて、周りの健康な組織もがん細胞を含んでいないと病理診断医が判断し、治療が終わってからの検査でがんの兆候をまったく見つけられなくても、体の中からがん細胞が全部なくなったという保証はまったくありません。だから、特にがんのような転移するリスクが高い病気の場合、長く生きられる可能性を高めるためにも、化学療法などの治療を担当医が勧めることも多いのです。

化学療法（抗がん剤治療）

　化学療法の実際の方法は外科手術より大がかりではありませんが、多くの飼い主さんは、手術で腫瘍を切除するより化学療法をする方がよほど不安なようです。化学療法の概念がわかりにくいのも、理由のひとつかもしれません。手術をするとそれまで目で見えたり感触があったしこりが、はっきりと見える傷を残して取り除かれますから理解しやすいのでしょう。
　一方、化学療法はもっと神秘的です。通常の点滴と同じようにカテーテルを使って薬を投与することがほとんどで、ときには注射や錠剤を使うこともあるけれど、一体どこでどのようにその薬が効いているのでしょう？　そしてなぜその薬が、副作用につながることもあるのでしょうか？　効果が見えないのが、飼い主さんを不安にさせます。

　簡単に言ってしまうと、化学療法で使う薬は細胞を攻撃するようにできています。理想的なのはがん細胞のみを攻撃することですが、残念なことにがん細胞だけを狙って効くような完璧な薬は、いまだに開発されていません。

がん細胞の特徴のひとつは、非常に短時間に成長して分裂することなので、化学療法に使う薬はハイペースで分裂している細胞を特に狙って攻撃するようにできています。多くの健康な細胞は、がん細胞のように短時間で成長や分裂をしないのでこの薬の影響を受けませんが、例外もいくつかあります。細胞の中には健康であっても素早く増殖するものがあり、化学療法で損傷を受けることがあるのです。たとえば赤血球や白血球をつくる骨髄、胃腸、それに毛包は概して影響を受けやすいといえます。これらの健康な細胞はずっと成長し続けていますし、たいていは損傷を受けるとそれを修復しようとするので、化学療法に時折見られる副作用の原因に十分なり得ます。

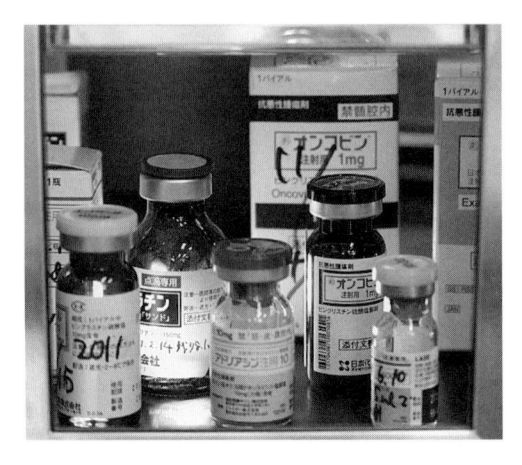

化学療法で使う薬

化学療法の副作用

　化学療法を行った結果、犬に起こると予想される副作用の一部は人によく見られる副作用に非常に似ていますが、もっと軽いものですし、頻繁に起こるものではありません。その主な理由は、犬に対して使う薬は人間に使うときほどいろいろな薬を組み合わせないことと、用量が人の治療に比べて少ないことです。ペットへの化学療法は副作用が必ず起こるというわけではないので、副作用を理由に化学療法を選択肢から外すべきではありません。

第 3 章　治療

毛が抜ける

　人の副作用としてよく見られる脱毛現象は、犬の場合、定期的にトリミングが必要な犬種に起こることはあるものの、通常そのほかの犬種には起こりません。ただ、どんな犬でもひげが一部、もしくは全部抜け落ちてしまう可能性はあります。

　犬種にかかわらず手術やカテーテル挿入のために剃った毛は、化学療法をすると元に戻るのに時間がかかるでしょう。新しく伸びてきた毛の色や質感が微妙に前と違うこともあるかもしれません。毛が抜けるとしたら、最初の化学療法実施から2～3週間で起こるのが普通です。

吐き気、おう吐、下痢

　化学療法のあとは胃腸の調子がおかしくなるので、その結果吐き気やおう吐、下痢や食欲不振が起こることがあります。こうした症状は通常、薬で防いだり抑えることができ、合併症につながる心配はほとんどありません。こうした症状が出るのは治療開始から3～5日ほど経ってからなので、飼い主さんが家で対処しなければなりません。これが毎日の世話にどう影響するかは第4章「世話の仕方」で説明します。

　もし症状が24時間以上続くようなら担当医に電話してください。また、心配になったりどうしたらいいかわからなくなったりしたら、いつでも連絡しましょう。

白血球の減少

　化学療法で使われる薬は、骨髄の白血球、血小板、赤血球をつくるおおもとの細胞を障害してしまうことがあります。その結果、白血球が減少するという、とても深刻な副作用が起こります。犬は感染症に対する抵抗力が弱まり、例えば口内や腸内にいるけれど健康であればほとんど無害な細菌に対しても、無抵抗になることがあります。もし必要なら担当医が感染症にかかりにくくするために、抗生剤を処方してくれるかもしれません。もし白血球の数がとても少ないままなら、次回の化学療法実施まで時間を置くかもしれません。

一方、血小板や赤血球は寿命が長いため、血液検査できちんとモニターしていれば、知らないうちに減ってしまうことはまずありません。

その他の副作用

　化学療法の薬にはさまざまなものがあり、特定の薬によく見られる副作用がいくつかあります。もし化学療法を行う予定なら、起きる可能性のある副作用は何かを担当医が説明してくれるでしょう。担当医が教えてくれないときは、自分から聞いて、今後どうなるかの心がまえをしておきましょう。

化学療法の実施

　化学療法はどの病院でも数時間からまる1日かかり、入院が必要となることもあります。治療を始める前に担当医が身体検査と血液検査で異常がないか確かめます。使う薬の種類に応じて別の検査をすることもあります。検査結果で予定通り治療しても大丈夫だとわかれば、脚の血管に点滴用の管を挿入します。

抗がん剤の準備

> 化学療法をしているあいだ、飼い主さんは立ち会いを許されないことが多いですが、頼んでみることはできます。病院がとても忙しいときは、動物看護士がずっと居られないこともあるので、代わりに飼い主さんが犬のそばにいられるかもしれません。

　化学療法用の点滴の管の挿入には、通常の点滴以上に細心の注意が払われます。抗がん剤を投与する前に、まず薬が入っていない静脈内輸液を投与してみて、点滴の管がきちんと入っているか確認します。これだけ慎重になるのは、化学療法で起こり得るもっとも危険な問題のひとつである薬液の血管外への流出（血管外漏出）を防ぐためです。抗がん剤が誤って血管や点滴の管から外に漏れ出すと、皮膚や下層の組織に多大な損傷を与えるかもしれません。

　もしあなたの犬が抗がん剤の投与後に、点滴した部位を舐めたり噛もうとしていたり、そこに赤みや腫れが出ているのに気付いたら、すぐに担当医に連絡しましょう。

どの薬が効くのだろう？

　抗がん剤にはたくさんの種類があります。それぞれがん細胞を攻撃する方法が違うため、がんの種類や犬の健康状態の程度によって、別々に薬を使ったり、混ぜて使ったりすることがよくあります。担当医はまず、がん専門の獣医師と相談して、どの薬を使うか、用量はどれくらいか、投与の間隔はどうするかといった治療計画（プロトコール）を立てます。用量や治療の間隔は、副作用が起これば調整し直すこともあります。もし現在使っている1種類か複数の薬に対してがんが耐性を示したら、新しい治療計画を立てる必要が出てきます。これはレスキュー・プロトコールと呼ばれることもあります。

　どんな薬剤を使い、治療期間がどのくらいかかるかは、担当医が説明してくれるはずです。

化学療法は痛いか？

通常の点滴や注射と同じで、きちんと装着されていれば犬はカテーテルが入れられていることにも、薬が投与されていることにもほとんど気づきません。

> ❗ 化学療法の効果を最大限にするためには、定められた日、場合によっては予定された時刻を忠実に守って特定の薬を投与することが必須条件です。そのため、治療予定に従って時間通りに病院に行くことがとても重要です。家で前もって使うように渡された薬がある場合は、医師の指示通りにきちんと与えなければなりません。少しでも疑問や心配事、問題があれば担当医に連絡をとってみましょう。

放射線療法

放射線療法は手術と同じく、全身ではなく腫瘍がある場所に向けて行う治療法ですが、物理的に腫瘍を切除する代わりに、がんのDNAを傷つけて、細胞の成長と分裂を防ぐことを目的としています。これによって腫瘍の成長が止まり、最終的に死滅するので腫瘍が小さくなっていきます。放射線療法には放射性物質の注射や挿入などを含めてたくさんの種類がありますが、さまざまな規制があるため、わが国でもっとも一般的に行われている方法は、細くしぼった放射線を外側から当てるやり方です。照射する放射線はレントゲン撮影に使うものとたいていは同じですが、より集中的に、より長時間照射します。放射線療法に使う機械は、超大型のレントゲン撮影装置を想像するとよいかもしれません。

放射線療法は化学療法と共通する点もあります。それは施術によってがん細胞だけでなく健康な細胞も傷つける可能性があることです。周辺組織の健康な細胞が受ける損傷を最小限に抑え、自己修復する時間を与えるために、数週間の治療期間中、照射は1回ではなく数回に分けます。各回ごとに放射

線の総照射量の一部を当てます。けれどもこのようにして健康な細胞を正常に保とうとしても副作用がときどき起きてしまいます。

放射線療法の副作用

　放射線療法は局所的な治療なので、治療する部位によって副作用のあらわれ方はさまざまです。たいていは皮膚に出ることが多いのですが、頭部を治療した場合は、脚や腹部への治療とはまったく違う副作用が起きるでしょう。

　そのため、起こり得る副作用とあらわれうる部位をここで書き連ねていくよりも、飼い主さんが自分の犬にはどんな副作用が起こりうるかを前もって知っておくことが大切だ、ということを強調しておきます。そうすれば準備することもできます。担当医は予想される副作用について放射線療法の専門医に聞いたことを説明してくれるでしょう。もしよくわからなかったらもっと詳しい説明を頼むか、絵や写真で副作用が出たらどうなるかを解説してもらってください。ときどき、どのような副作用が起こるかわからないからというだけの理由で放射線療法をやらないことに決めてしまう人がいます。どうかそうはならないでください！

担当医が、どのような副作用が起こりうるか説明してくれるでしょう

また、この治療の副作用にはうまく対処できることを知っておくのも大切です。副作用は治療の終わりごろに出てくることが多いですが、多くの場合は数週間で消え、深刻な副作用はめったに起こりません。

放射線療法の実際

　がんの種類や病院に置いてある装置の種類によって、治療のやり方には違いがあります。多くは治療を始める前に、CT スキャンや MRI を使って腫瘍の大きさを調べて治療計画を立てます。機械にプログラムされた治療計画システムにのっとって、CT や MRI のデータを放射線装置が解析し、正常な細胞をなるべく傷つけないように、より精密に腫瘍の位置に的をしぼることができます。治療箇所をマーキングしておくことで、放射線を毎回同じところに照射できるようにすることもあります。治療中は動かないようにする必要があるので、施術前に毎回麻酔をするでしょう。それから放射線の照射台に寝かせますが、毎回同じ姿勢で寝かせるために犬の体に合わせたクッションに乗せるかもしれません。放射線の位置をはっきりさせるためにライトを当てることもあります。

　装置の準備ができたら実際の照射には数分しかかからないので、犬は少ししたら目を覚まします。手術に比べて麻酔時間が短いので、普通は回復も手術のときより早いです。

放射線療法は痛いか？

　放射線が照射されても犬はまったく痛みを感じません。また、治療が終わったあと体内に放射性物質が残ることはありません。

> ❗ 化学療法と同じく、予定通りにきちんと放射線を当てることが大切なので、病院には時間通りに行くようにしましょう。

第 3 章 治療

　本章で説明した治療法以外にも、がんと闘うための治療法にはいくつかあります。ある治療法について見聞きして、それが自分の犬のためになると思ったり、いまの治療法に疑問があるなら、遠慮なく担当医に聞いてみてください。担当医も病院の人たちも、あなたが感じている不安や恐れ、希望をわかってくれ、きちんと相談に乗ってくれると思います。まずは自分で聞くことが大切です。

第4章
世話の仕方

　がんになって通院生活が続いてしまうと、つい忘れてしまいがちなことがあります。それは、愛犬が一番長い時間を過ごす場所が家だということ。そして、一番世話をしてあげられるのは獣医師ではなく、飼い主であるあなただということです。愛犬をサポートするために家でできることはたくさんありますし、できるだけ最良のかたちで治療できるように飼い主さんが協力できることもたくさんあります。これからしていく世話は病気になる前とは変わってくるでしょうし、以前よりも大変な世話が増えるとは思います。しかし、きちんと準備を整えておけば今まででもっとも実りある時間になると思います。

　一番大切なことは、愛犬をよく見ることです。犬はどう感じているか、何をしてほしいか、どこが痛いかを伝えることはできません。ですから、犬の仕草をよく観察して、何か変化を見つけたら担当医に報告することが大切になってきます。自分の犬にとってどこまでが問題のないことか、犬の癖や長所、短所もわかっているのは飼い主さんなのですから、もし何か変わったところがあれば真っ先に気がつくはずです。愛犬の状態を観察するには、日誌をつけていくのが一番です。自分の記憶だけに頼らずに、どんなことでも書き留めていきましょう。

日誌をつける

　詳しい記録でも簡単な箇条書きでもかまいませんが、日誌をつけるときに最低でもこれだけは書いておいてほしいということがあります。まず日付、それに愛犬が受けている治療や飲んでいる薬、食事の内容と量、機嫌はどうか、そのほかメモしておいた方がよいと思ったことは何でもよいから書いておきましょう。そしてできれば具体的に書いてください。「今日はあまりよくなかった」と書くよりも、「散歩に行きたがらないし、今日一日ほとんど眠らなかった」と書いた方があとで参考になります。

　これらに加えて、ノートにつけると役立つことを以下にまとめました。

- 薬や栄養補助食品の変更
- 食事内容の変更
- その日の治療内容
- 副作用
- 行動の変化
- 食べ方や飲み方の変化
- 排せつの変化：普段より多いか少ないか
- 下痢やおう吐：いつ、どのくらいの頻度で
- 散歩や運動を嫌がる
- 獣医師の説明やアドバイス

　このような内容をノートにつけていけば、健康状態の変化がよくわかるだけでなく、ある状況に陥ったときに何をするのが一番効果があるのか、またはまったく効果がないかがわかるので、再び同じ状況になっても適切な対応ができるようになります。担当医と会うときはノートを持参して、必要なときにすぐ見られるようにするとよいでしょう。

新たな世話を始める必要があるかどうかは、がんの種類や受けている治療、年齢や健康状態によって変わってきます。たとえば手術の直後だったら、抗がん剤治療や放射線療法の後とは気をつけることが違うでしょう。症状が一時的に良くなって病気になる前にほとんど戻ったように思えたりする場合ですら、「がんが再発するのではないか」という思いはずっと頭から離れないでしょうし、新たな腫瘍ができていないか注意し続けなくてはいけません。
　さらに、がんは高齢の犬に多い病気なので、関節炎などの年齢にかかわる問題にも対処しなければならないかもしれません。

愛犬が気持ちよく過ごせるように

　どんな治療を受けているかに関係なく、まずは家の中を愛犬ができるだけ気持ち良く過ごせるようにしてあげてください。快適な環境なら気分も良くなり、治療後の回復が早くなるかもしれません。今までよりもケージやかごのなかで過ごす時間が長くなるでしょうから、クッションや敷き物の素材にも気を使いましょう。ペット用の医療ベッドというものもあり、床ずれなどを防いでくれます。これはペット用品のカタログやペットショップ、インターネットで探せば購入できます。

気持ちよく過ごせるようにしてあげましょう

第4章　世話の仕方

　自分の犬に合ったベッドがわからないときは獣医師に相談してみてください。ケージやかごの大きさにぴったりのベッドを敷けば、病気になる前と変わらずに自分の家でくつろげます。もし犬が自分の力で動けないようなら、2～3時間おきに寝返りをうたせてあげましょう。そうすれば血流が悪くなると起こる床ずれなどの問題が防げます。

　とはいえ犬が気持ち良く過ごすには、寝床を具合良くするだけではまだ足りません。いくらベッドが良くても体に痛みを感じていたらリラックスできないからです。苦痛を感じていると察知することは、がんの犬を世話するにあたってもっとも大切なことのひとつです。担当医も薬を処方して犬が痛みを感じないように努めてくれると思いますが、痛みがきちんと抑えられているかどうかは飼い主さんがきちんと見てあげてください。

痛がっているのはどうすればわかるのか

　頭痛や腰痛のように犬が慢性的な痛みを感じている場合、飼い主さんはなかなか気づかないかもしれません。人間と暮らす生活が長く続いていても、犬は群れをつくる動物です。痛みや具合の悪さを表面に出すと群れのなかでの自分の順位が下がることから、本能的にそれを隠そうとしてしまいます。そのため痛み自体はごく簡単に治療できるのに、気づかれないためにそのままになっていることがよくあります。犬が痛みを感じているそぶりをはっきり見せたときは、すでにかなり苦しんでいるはずなので、そうなる前のかすかな兆しにぜひ気づいてあげたいものです。

愛犬が下のような仕草を見せたら、痛みを感じているかもしれません。

食欲がない
食べる量が普段より少ない、もしくはまったく食べない。

姿勢を変える
体のある部分をかばおうとして座り方や寝方を頻繁に変える。落ち着かない様子のときもあれば、何時間も座ったままか立ったままでまったく寝転がらないこともある。

震える
座ったり眠ったりしているとき、まるで寒いところにいるように震えている。

声
クーンと鳴いたり悲しそうな声を出す。いつもなら吠えるのに吠えない。

身を引く
身体に触れようとすると、身を引くような素振りをする。

行動が変わる
元気がないように見える。一人になりたがる。逆に、いつもよりまとわりついてきたり、攻撃的だったりする。

呼吸
呼吸が浅い、早い、もしくは苦しそう。

なめる、かむ
身体のある部分をずっとなめたりかんだりしている。

よたよた歩く
足を引きずっている。

以上のようなふるまいやそのほか痛みを感じていると思うような仕草に気づいたら、確信がなかったとしても担当医に相談してください。診察をした上で、必要な場合は薬を処方してくれます。

> ❗　絶対に人間用の鎮痛剤や、担当医から処方されたものとは別の薬を与えないでください。以前もらって余った薬もいけません。もし与えてしまうと思いもよらない副作用を起こす恐れがあります。
>
> 　また、処方された薬の用法を変えたり、用量を増やしたり減らしたりしないでください。薬の副作用に気づいたり疑問点があるときは必ず獣医師に連絡しましょう。

薬を飲ませる

　がん治療にとって薬の役割は重大であり、飼い主さんは栄養補助食品も含めて、数種類の錠剤を毎日飲ませることになるでしょう。ほとんどの犬は食べ物に混ぜられた錠剤を一緒にむしゃむしゃ飲みこんでくれますが、もしも薬だけ残していたり、手で直接飲ませようとしても嫌がったりするときは、薬を飲ませるのにちょっとしたコツがいります（手で飲ませたあと口の中をのぞいて薬がないことを確かめたにもかかわらず、飲ませたはずの薬が数時間後にどこかに落ちていることがあっても驚いてはいけません。犬というのは口の中に物を隠す名人なのです）。

　もし錠剤を飲まないなら、食べ物で釣ってみてもよいかもしれません。たとえば、パンに数個の錠剤をしのばせてから、丸めて小さなサンドイッチにすると、たいていは気づかずに全部食べてくれます。ただし、利口な犬はしばらく噛んでパンを飲み込んだあと、錠剤だけひとつずつ吐きだすこともときどきあります。

　そんなときは肉のなかに隠すとよいかもしれません。犬が薬を見たり臭いをかいだりしなければ、うまくいく見込みは十分にあります。次のページの

写真のように、牛ひき肉をソーセージ状に固めたものを使うとかなり効果があります。これはほとんどのスーパーで売っていますが、自分で牛ひき肉を買ってきて作ることもできます。手作りするときは、絶対に生の状態では与えずに電子レンジやフライパンで火を通してください。

　まずこのソーセージを3等分し、コルク抜きでうまく中身をくりぬきます。くりぬいた肉はとっておきましょう。次に薬の錠剤を穴につめて、少量の肉でふたをします。これで出来上がりです！

もしどうしても薬を飲み込んでくれないなら、最後の手段があります。犬の口を開けて舌の上のできるだけ奥の方に錠剤を置きます。口を閉じたら鼻が天井を向くようにして、薬を飲み込むまでのどの部分をさすってください。やり方がわからなければ獣医師にお手本を見せてもらいましょう。

しこりや腫れができていないか確かめる

まだ治療している最中か回復途中かに関係なく、がんの転移や再発を少しでも疑わせる兆候がないかどうかには常に気をつけておかなければいけません。もちろん担当医が定期的に新たな腫瘍ができていないか診察するはずですが、飼い主さんも最低1週間か2週間に1度チェックすることで、仮に新しい腫瘍ができてもずっと小さいうちに見つけられます。もし何か見つけたと思ったら、それがどんなに小さくても獣医師に診察してもらいましょう。用心するに越したことはありません！

> この「自宅テスト」はマッサージのようにすると犬も喜ぶでしょう。決して強く押しすぎず、やさしくもんであげます。鼻から始めてしっぽまで、体の両側を同時にゆっくりもんでいきましょう。脚も忘れないでくださいね！ 体の片側だけにできている腫れがないかどうか、リンパ節がある辺りにも注意してください。その辺りは腫れが両側に出ることがあります（リンパ節の位置は「犬のがん」の挿絵を見てください）。

体温を測る

熱があれば感染症や炎症の疑いがあります。体温を測るときは、鼻、耳、頭やわきの下の感じでなんとなく確かめるのではなく、体温計を使いましょう。体温計には水銀体温計、デジタル体温計、それにペット用の耳体温計があります。水銀体温計はガラスで出来ていますし、耳体温計は高価なうえに使い方を誤ると正確な数値が出ないので、デジタル体温計が一番よいと思います。犬専用として買って名前を書いておけば、あなたや子どもが間違って使う心配はありません。使用する前にきちんと消毒し、先端にワセリンを

塗っておきましょう。

　手伝ってくれる人がいるなら犬を前から押さえておいてもらい、おとなしく立っていられるようにします。片手でしっぽを持ちあげて、座りこまないようにそのままつかんでおきましょう。次にもう片方の手で犬の肛門から直腸に3〜5cmくらい体温計を挿し入れます。そのまま音が鳴るまで待つか、音が鳴らなくても3分くらいしたら体温計を出して、体温を記録します。終わったら体温計を消毒綿で拭いてきれいにしてください。

　犬の平常時の体温は37.8度から39.2度のあいだです。もしこの数値より高かったり低かったりする場合、または普段の体温よりかなり高かったり低かったりする場合はすぐに担当医に連絡しましょう。犬が興奮したときや運動した直後は、体温が少し上がるので、安静時に測るようにしてください。

手術のあとの世話

　手術のあとに特別な世話が必要になるかどうかは、どこにどのような手術をしたかで変わります。手術が終わったら病院から連れて帰る前に、特にしてあげるべきことや気をつけておくことについて、担当医から説明があるでしょう。愛犬を連れて帰れることに浮き足立ってしまい、その話がよく頭に入らないこともありますので、ノートを持参して聞いたことはメモしておきましょう。

　当たり前のことですが、飼い主さんが一番気にしがちなのは手術で切開した部分です。入院している数日間で傷口は少しずつ良くなり始めていますが、完全にふさがるまではできる限りおとなしくさせておきましょう。犬が上機嫌だと安静にさせておくのはかなり難しいかもしれませんが、散歩に連れて行くときはリードを放さず、走らせたりとび跳ねたりさせないでください。手術創は毎日清潔にしておき、乾燥した状態に保ちましょう。また、縫い目が緩んでいることに気づいたり、いつまでも血が止まらない、赤みや腫れが消えない、傷口が完全に治らないといった症状が見られるようなら、担

当医に連絡しましょう。

　もし傷口の消毒を自分ですることに抵抗があったり、犬が嫌がったりするなら病院でやってもらうとよいでしょう。

　手術のあとに傷の縫い跡を犬が舐めたりかんだりしないように、エリザベスカラーをつけることがあります。これには小さなランプシェードのような形をしたプラスチック板カラーと、ドーナツ型をしたソフトカラーがあります。プラスチック板の方は慣れるまでに少し時間はかかりますが、どちらを使用してもほとんどの犬が慣れていきます。

　カラーをつけているときは、犬が部屋のドアや家具のあいだを通りやすいようにしてあげてください。水入れは壁から離れたところに置いて、水を飲むときにカラーが壁にぶつからないようにしておきます。ご飯を食べるときはカラーを外してあげましょう。食べ物の台を高くしてあげれば、カラーがついたままでも水を飲んだりご飯を食べたりすることができます。また、背後からや離れたところから名前を呼んでも聞こえないかもしれません。できるだけ正面から近づくようにして、あなたがそばに来るのが愛犬にもわかるようにしましょう。毛が長い犬の場合はカラーに毛がからまないように注意します。様子をみていられるときには、ときどきカラーを外してカラーを清潔にし、もう一度着けるまでしばらく一緒にいてあげるとよいですね。

体の一部を切除したあとはどうするか

　犬を大切にしている人ほど、愛犬を自分の子どものように思ってしまいがちですが、体の一部分を切除するような手術をしたとき、たとえば片脚や片目、あごや舌の一部がなくなる手術をしたときには、まずは犬は人間とは違うということを思い出してください。体の一部を失ったことで犬が見せる反

応は人とはまったく違います。

　人の場合、腕や脚などの体の一部を失うことは精神的にとても耐えがたいことです。そのような境遇になった多くの人は「五体満足」だった頃のことを思いながら、この先を憂えて過ごします。さらにそれが怒りに変わったり、鬱々としてしまったり、自分を憐れに思ったりすることも多々あります。

　しかし、犬は過去や未来のことを考えたりしません。犬は現在を生きていて、わかることは「今」だけ。何かを失ったことさえわかりません！　もし片足を切断されても、昨日は４本の脚で立っていたという事実を覚えていないでしょう。わかっているのは今日は３本だということで、それも痛くないかぎりはまったく気にしません。

　実際、犬が何かがないと気づくのは、その部分をそれまでと同じように動かそうとしたときで、しかも以前と同じように動かないことがわかっても、何かが変わってしまったとか、なぜだろうと考えてくよくよしたりしません。むしろ以前のようには使えないとわかれば、別のやり方を編み出そうとするでしょう。たとえば舌の一部を切除したなら、最初に犬がそれに気づくのは、水を飲もうとしたときに今までのように、水を舌ですくって飲めないとわかったときです。そして、なぜ水を全然すくえないのかを考えるのではなく、別のやり方を探し始め、じきに馬のように水を吸って飲むようになるでしょう。その瞬間から水の飲み方はずっとそうなります。

　肝心なのは犬の心の動き方を知り、恐れや不安、悲しみや後悔といった「人間の」気持ちで犬を悲しませないようにすることです。愛犬をかわいそうだと感じたり、心配になったりする気持ちはわかりますが、それを見せてはいけません。犬はその気持ちを感じとり、飼い主さんのことを心配し始めるでしょう。だからできるだけいつもどおりに接してあげてください。病気になる前とまったく変わらぬように！

3つ足の勇士たち

　断脚手術をした犬の面倒をみるのは、飼い主さんの務めのなかでもおそらく一番大変なことでしょう。たとえ放っておいたとしても、犬は3つ足で歩けるようになりますし、そのほか必要なことも自力でできるようになるはずです。けれど、そうなるまでには時間がかかるでしょうし、傷口をかんだり、ぶつけたりして自分の身を傷つけてしまうかもしれません。

　そうならないためにも、愛犬が再び歩けるようにリハビリを手伝い、排泄をするときには身体を支えて、けがをしないようにあらゆる面で注意してあげましょう。よいサポートができればそれだけ早く、3つ足の勇士はまた立ちあがり、手術する前とまったく同じように幸せいっぱいになるでしょう！

1 安全な環境

　犬が退院してくる前に何よりも優先してやっておきたいのは、家の中を愛犬がまた歩こうとしたときに、歩きやすい安全な場所にしておくことです。フローリングやタイルのような滑りやすい床は歩きにくく、1度でも転べば怪我をするかもしれませんし、もう歩きたがらなくなってしまうかもしれません。そうなれば回復が遅れるでしょう。滑りにくい敷き物やマットがあれば、水入れや玄関など、犬が一番よく行く場所への通り道を簡単に作ってあげられます。必要なら家具の配置も変え、動き回ったときにぶつからないようにしてあげるといいでしょう。

　また、誰もいないときに階段を1人で上がらせないようにしましょう。階段の行き来を制限できる折り畳み式のゲートは、ほとんどのホームセンターやデパートで購入できます。ペット用品の通信販売などでも、さまざまな大きさのゲートを買えます。

　たとえ自力で階段の上り下りができるまでに回復していても、1人で

勝手に行き来させずに、上がるときは後ろからついていき、降りるときは飼い主さんが先に降りて、何か起こっても対応できるようにしましょう。

家に庭があって、深い窪みやでこぼこしたところがあるなら平らにしておいて犬が歩き回った時に怪我をしないようにしておきましょう。

2　飲食

とりわけ大型犬は3本足になると、頭を下げたとき、たとえば床に置いてある皿から飲んだり食べたりするときに、バランスを崩しやすくなります。皿が置けるスタンドを使うか、箱や木わくの上に置いてあげるかすれば、犬は立ったまま楽に飲食ができます。また、食べている最中に立っている場所が滑らないように工夫してあげてください。

食べ物と水の皿をスタンドの上に置いたので、ケンタが食事のときに困ることはまったくありませんでした

通常、小型犬はバランスをとるのにさほど苦労しません。なぜなら小型犬は重心が地面に近く、体が軽いのでバランスの調整がしやすいからです。

3 歩き方を覚える

　体の大きさ、体重、年齢にもよりますが、手術後に犬が自力で問題なく歩けるようになるまでにはだいたい数日から数週間かかります。それまでは飼い主さんが歩くのを介助してあげ、残った3本の脚に十分な筋力がつき、バランス感覚をつかむまで助けてあげる必要があるでしょう。特製のつり帯やハーネス、もしくは大判のビーチタオルをお腹に巻いて使えば、支えてあげることができます。ただし犬が自分で歩くようにさせてください。犬の体をほとんどつり上げた状態で歩くのではなく、あくまでも介助にとどめましょう。練習するのは歩き方であって、宙の浮き方ではないのですから！　もしビーチタオルを使うなら、お尻の側にタオルがかからないようにすれば、犬がおしっこをしてもタオルが汚れません。

　再び歩き方を覚えている最中に、リードをつける必要などないと思うかもしれませんが、生まれてこのかたずっとリードをつけてきたような高齢犬は、つけていないと落ち着かないかもしれません。たとえリードがついていなくても首輪や鎖をつけてあげれば、慣れ親しんだ感覚でいくらか安心感が増すことも多いです。

4 体のかゆみを我慢させない

　がん患者の世話をするとき、医学的に大切な3つの心得があります。「怪我をさせない」、「おう吐や下痢をさせない」、「長く空腹にさせない」、さらに3つ足の勇士たちにとってはぜひとも加えてほしい4つ目の心得が「体のかゆみを我慢させない」ことです。

　たとえば後ろ片脚を切断しても再び歩いたり走ったりとび跳ねたりすることはできますが、自分の耳や鼻の横、首や胴体をかくことはもうで

きません。ですから、飼い主さんが代わりにかいてあげましょう。こまめにやってあげると、とても喜びます。

⑤ 体重と運動

　脚を1本失くしてしまうと、残りの脚にかかる体重が以前より大きくなるので、特に標準より体重が重いと関節炎になるリスクが増します。そうならないためにもスリムな体型を維持させ、回復後はできるだけ早く十分な運動をさせてあげたいものです。多分はじめのうちはすぐにくたびれてしまうので、散歩は短めにし、休憩をたっぷりとってあげましょう。励ましも一時は効果がありますが、犬は自分の限界をわかっているので無理強いはしないでください。担当医の許可があれば泳ぎに連れて行くのもいいでしょう。水中では脚にかかる負担が減るのでうってつけの運動になります。安全のためにもライフジャケットや浮き具をつけてあげるとさらにいいでしょう。

⑥ トイレ

　3つ足の勇士は歩き方を覚えるだけでなく、用を足す際のバランスのとり方を覚えなければなりません。これにはしばらく時間がかかりますし、特に毛の長い犬は練習で多少の汚れがつきやすいものです。もしあなたの犬が長毛種なら、きちんとバランスがとれるようになるまで、肛門の周りの毛を短くしておけば清潔に保ちやすいでしょう。けがをさせないためにも、毛は自分で切ってしまわず、トリマーに切ってもらってください。
　もし愛犬が自分でうまくバランスをとれないようなら、壁やフェンスのぎりぎりまで近づいて歩かせてみてください。犬は賢いので、排泄するときに壁やフェンスに寄りかかって体を支えることをすぐに覚えます。

第 4 章　世話の仕方

7　残った脚のケア

　3本になった脚は前よりもたくさん働かせなければならなくなり、それぞれの脚にかかる体重が増すため足裏の肉球がひび割れてくることがあります。そうならないためにも、獣医師に相談してお勧めのクリームやパーム油を肉球に塗ってあげましょう。そのほか、爪は短く切っておき、足裏の毛を短く切りそろえておけば、歩いているときに滑りにくくなります。

　あなたの助けがあれば、3つ足の勇士は元のように普通の幸せな生活が送れるようになるでしょう。前のようにテニスボールの追いかけっこで1番になれなくても、きっと喜んで遊ぶでしょう！

ほかの犬たち

　手術が終わって病院から帰ってきたとき、飼い主さんにとっては以前と変わらない同じ犬ですが、もしもほかに犬を飼っているなら、彼らが友だちのことを最初誰だかわからなくても驚かないでください。まだ病院の匂いが体についていますし、ほかの犬は帰ってきた犬の仕草が、自分の知っているものと違うため違和感を感じることもあるからです。断脚手術のあとは体のあらゆる動きが変わってくるので、特に顕著になります。帰ってきた犬に対して、ほかの犬はもしかすると怖がったり、ちょっかいを出したり、攻撃的になったりするかもしれません。ですから、何の問題も起きないと判断できるまでは、ほかの犬と引き離しておくのが一番よいでしょう。

　いったんほかの犬が新しい状況に慣れてしまえば、病気の友だちを助けてあげようとするその姿にたびたび感動させられることでしょう（ただし、エリザベスカラーをつけている友だちの代わりに、縫合糸を外さなければの話ですね！）。友だちの傍らに寝そべって何時間も過ごすだけ、という犬もいます。ただそばで「寄り添って」あげているのです。

ショウが「寄り添う」様子

第4章　世話の仕方

化学療法（抗がん剤治療）や放射線療法を受けたあとの世話

　化学療法、もしくは放射線療法を受けた場合は、どんな副作用が予想されるかをきちんと把握しておくことが大切です。そうすることで自然なことなのか、何らかの危険信号なのかを見分けることができます。たとえば抗がん剤治療では吐き気やおう吐はよくある症状だと思われますが、放射線療法でこの反応が出ることはまれなので、もしおう吐などがあれば別の理由が絡んでいることも考えられます。

　自分の犬が受ける治療内容に応じてどのような副作用が予想されるかを担当医に聞いておき、実際にその副作用が起きたとき何をすべきかも聞いてください。ただし、担当医が口にしなかった症状が出たら、勝手に「これは多分副作用だろう」と判断せずに担当医にその症状を報告しましょう。

　化学療法にせよ放射線療法にせよ、副作用は治療か投薬、もしくはクリームや軟膏を塗ることで抑えることができます。飼い主さんが副作用に対処するときは、いつでも担当医の指示に従い、処方されるか獣医師に勧められた薬および製品以外のものを使うのは避けましょう。

　化学療法を受けているなら、犬がおう吐や下痢をしたあとの掃除には特に気を使わなければなりません。抗がん剤はペットだけでなく人体にも有毒になり得る薬だからです。投薬されてからどのくらいの時間がたっているかにもよりますが、吐いた物や排せつ物のなかに薬が若干濃縮されて含まれているかもしれません。掃除をするときは手袋をはめ、ペットシートやペーパータオルなどの使い捨てのもので拭いてから、仕上げに水と洗剤でごしごし洗うとよいでしょう。服やシーツに付いてしまったときは洗剤とお湯で洗濯してください。掃除が終わるまではほかのペットを近づかせないようにし、掃除が終わったら手をよく洗ってください。

> 化学療法を受けているときは、糞尿の処理にも同じように気をつけた方がよいでしょう。家の中でも散歩の最中でも、愛犬が用を足したあとの排せつ物は常にビニール袋に入れておき、フリーザーバッグなどの口の閉まるビニール袋に入れて捨てましょう。散歩のときは近所のペットにも配慮してペットボトルに入れた水を持っていき、犬が排尿したところを水で流しておきます。

吐しゃ物や糞尿が周りに及ぼす危険性は、長らく無視されてきましたが、今では抗がん剤を作っている会社のなかにもこうした安全対策を推奨しているところもあるほどなので、よく注意して処理してください。

飲食

病気の症状や治療のために犬の体調がすぐれないとき、飲食に気が向かないことがあるかもしれません。犬があまり食べないのはご飯どきにすぐに気づくでしょうが、水をあまり飲んでいないことにはなかなか気づかないものです。実際、担当医から脱水症状になってますよと教えてもらうまで気づかないかもしれません。しかし、脱水症状は治療せずに放っておくと、とても深刻な状態になる恐れがあります。

脱水症状になる危険はおう吐や下痢をしたときに高まりますが、いつでも起こり得ることです。ですから、きちんと水を飲んでいるかどうか確かめるだけでなく、脱水症状にかかっていないかときどきチェックする必要があります。

一番簡単な方法は、犬の首の後ろをつまんで引っぱってから離すことです。もしも皮膚がすぐに元に戻らないで、つっぱったままの状態からゆっくり沈み込んでいく場合は、脱水症状になっているかもしれません。チェックの仕方は担当医にお手本を見せてもらってください。歯ぐきが乾いてねばねばしているのも、もうひとつの脱水症状のサインです。愛犬が吐いたときは、しばらく時間をおいてから数分おきに水を数口ずつ飲ませましょう。一度に大量の水を飲むとまた吐いてしまうかもしれず、そうなると飲んだ量よ

りもたくさんの水分が出ていってしまうこともあります。

体重減少

　体重の減少はがんの犬に併発しやすい深刻な症状なので、少なくとも3週間に1回は体重を量ることが大切です。もしあなたと犬の体重が合わせて100 kg以下なら、自宅で簡単に量ることができます。まずは飼い主さん自身の体重を量ります。次に犬を抱えた状態でもう一度量ります。ふたつの数値の差が犬の体重です。一般の体重計のほとんどが100 kgまでしか量れないので、飼い主さんと犬の体重が合わせて100 kgを超えるようなら動物病院で量ってもらいましょう。愛犬の体重が減っていたら担当医に相談してください。

> 　体重減少には、大きく分けてふたつの原因が考えられます。ひとつはがん性悪液質でもうひとつは食欲不振です。悪液質とは、がんが身体の代謝に影響を及ぼすために、きちんと食べているのに、体が食べ物から十分な栄養を取りこめない状態をいいます。一方、食欲不振の場合は、食欲が湧かず十分にご飯を食べられないために体重が減っていきます。

　もし食べ物を食べたがらないようなら、いろいろな食べ物を出してみて、食欲が戻るかどうか試してみるとよいでしょう。ただし、抗がん剤治療のあとすぐに食事の内容を変えてはいけません。何か副作用が起きたときに犬がそれを食べ物のせいだと思いこんで、何も食べなくなってしまうからです。そのほかのときはどんな物でもよいのでまた食べてもらえるように試してみましょう。病気と闘うために体力をつけなくてはいけませんから。普段食べているものやがんに適した特別食が一番望ましいですが、もし人間の食べ物しか食べたがらないなら、食べさせてよいこともあります。「健康にはよく

ない」物でも何も食べないよりはずっとよいですから！　ただし、膵炎が起きやすい薬を使っているときなどは、脂肪分の多い食べ物はやめた方がいいでしょう。

　食べようとしないときは、絶対に無理に食べさせようとしてはいけません。無理強いは事態を悪くするだけです。また、食べないからといって取り乱したり怒ったりもしないでください。犬は飼い主さんの不快な気分を食べ物と結びつけて、ますます食べたがらなくなります。食べないときは少し時間をおいてから再び食べさせてみましょう。ときには食べ始めるのにしばらく時間がかかることがあります。どんなことをしても食べたがらないときは担当医に相談してください。

第 4 章　世話の仕方

　人間の感覚では、犬にとって食べ物がどれだけ大事なのかを本当に理解するのは難しいかもしれません。犬にとって、どのような食べ物を食べるかというのはとても大切なことです。その影響が大きすぎるあまり、食べ物によっては犬の行動に悪影響を与え、ときにはまったく食欲を失わせる恐れさえあります。
　9か月のゴールデン・レトリーバー、BYRON はずっと子犬用のフードを食べていました。もちろん食欲も子犬らしく旺盛で、飼い主さんに「もっと食べたい」といつも伝えていました。そうしたある日、BYRON は突然食欲を失いました。毎日のご飯だけでなく、おやつも、そしてたまにもらえる薄切りローストビーフにも見向きもしません。最終的には全部食べるのですが、実際は食欲があるわけではなく、しばらくあたりを見回してみたり、その場を離れてしばらくしてからまた戻ってきて食べたりしていました。
　こんな状態が続いていたときに、フードを子犬用から成犬用に変えたところ、たちまち食欲を取り戻して、もっと欲しいとせがんで折を見てキッチンをうろうろするようにすらなりました。BYRON は明らかに、子犬用のフードに飽きたために、食べることにも嫌気がさしてしまったのです！

僕にこれ以上子犬用のフードを食べさせないで！

食欲のない犬に効果的な方法をいくつか挙げたので、参考にしてください。

温める —— 愛犬に元気がなさそうなら、食べ物を犬の体温よりちょっと低いくらいの温度に温めると、香りが強まって食欲が増進するでしょう。電子レンジで温めたときは、食べさせる前に熱いところがないようにかきまぜておけば、舌を火傷しません。

冷やす、凍らせる —— 吐き気をもよおしていたり、食べ物に強く拒否感を示しているときは、食べ物の匂いがすると気持ちが悪くなることもあります。食べ物を小さな氷大くらいのブロックに分けて、冷やすか凍らせるかすると、匂いや味がほとんどしなくなって、また食べ始められるかもしれません。このブロックはヘルシーなおやつにもなります。

隠す —— ドッグフードを少量ずつに分けて、茹でるか蒸すかしたキャベツやスライスしたローストビーフで包んだり、のり巻きにして出したりすると食欲を取り戻すことがよくあります。なお、のりは塩分無添加のものを使ってください。

ドッグフードをもっとおいしく食べさせる3つの方法

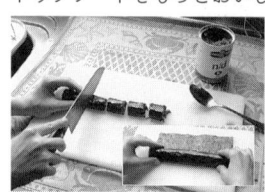

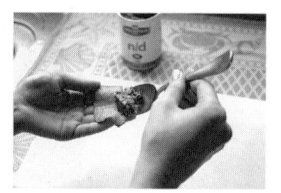

| 海苔巻き | キャベツロール | ローストビーフ・スペシャル |

水やだし汁を足す —— ドライフードは少量の水やだし汁をかけると食べさせやすくなります。また、缶詰のドッグフードからドライフードに変えてみたり、ふたつを混ぜてみてもよいです。

少量ずつ食べさせる —— 食事の時間を朝晩2回ではなく、小分けにした食べ物を、1日数回に分けて食べさせてみるのもよいでしょう。

第 4 章　世話の仕方

> 　犬の食事は食材をかえることで多少の変化はつけられるとしても、ほとんどが毎日変わり映えしないものです。もし食べさせるものを変えただけでは効果がないなら、食事の仕方そのものを変えてみましょう。いつも食べさせる場所が台所だったら、リビングや庭に移動してみてください。食器を新しくしてみたり、ちょっと上等なお皿に盛りつけてみたりしてもいいですし、食べているあいだ家族全員が周りにいてあげると犬の群れの中で食べている気分になれます。
> 　思いついたら恥ずかしがらずにどんなことでもやってみてください。誰かに見られるわけでもないですし、もし見られたって、愛犬がまたご飯を食べられるようになることより大事なことなどないですよね？

　愛犬ががんと闘う応援をしているあいだは、よいときもあれば悪いときもあるでしょう。ときには落ち込んでしまって、「この子をすごく恋しくなる日がくるんだな」とか「あとどれくらい一緒にいられるんだろう」とか考えたりもするでしょう。けれどあなたの犬は「ぼくのご飯はどこなの？」とか「なんか変な匂いがするぞ！」なんて思っていたりします。それを見習いましょう。考えるのは今日のことだけにして、愛犬と同じように楽しい気持ちで過ごしていきましょう！

第5章
ほかに考えられる方法とは？

　ここまでお話ししてきた手術、化学療法、放射線療法の3種類の治療法は、いわゆる従来型の治療です。これらの治療法で完治や寛解の可能性があるのは確かですし、がんにかかった犬の治療にあたって獣医師は皆、この3種類の治療法から少なくともひとつは検討するでしょう。手術の効果を信じていないから、という理由で手術を嫌がる獣医師はいないと思います。

　このほかにもいくつかの治療法があるのですが、まだ広く受け入れられているとは言えません。また、犬の治療にあたって獣医師がそうした治療法を勧めるかどうか、さらに実際検討するかどうかは、担当した獣医師の考え方に大きく左右されるでしょう。こうした治療法はそれ自体で完治や寛解を目指すものではなく、しかも臨床研究では、まったく効果が証明されていないか、ほとんど証明されていないのが普通です。それでも、取り入れてみると愛犬の具合がよくなることもあります。うまくすれば元気になるかもしれません。従来のがん治療に代わるものではありませんが、通常の治療にプラスする治療法としてとらえてください。これらの治療法はその特性を反映して、補完代替医療とか、代替療法などと言うこともあります。

　もし本章で触れている代替療法や、どこかで見聞きした治療法が、自分の犬のためになるかどうか知りたくなったら、まず担当医と話すのが先決です。その治療法があっているかどうかを判断してくれるでしょうし、必要なら補完代替医療の専門医と相談してくれるでしょう。

第 5 章　ほかに考えられる方法とは？

> 何を試してみるにしても、必ず最初に担当医と話し合ってください。たったひとつのサプリメントを食べさせるときも同じです。担当医はあなたの犬に合わせた治療計画を立てていますから、飼い主さんが勝手な判断で行動すると、見込んだ通りにいかなくなるかもしれません！

栄養

　最近では、がんの犬には特別な栄養補給を目指した食事を摂らせる重要性が、広く受け入れられるようになってきました。けれど、一体どんな栄養を十分に満たしていればよいのか、いまだに意見がまとまりません。ある獣医師は、いつもあげている食べ物をそのまま食べさせ続ければよいと言い、別の獣医師は、がんの犬向けに売っているものがよいと言うかもしれません。また、自然食品を使った手作り食を勧める獣医師もいますが、混ぜる肉を生にすべきか加熱すべきかは、細菌感染の危険性もあるため、意見が分かれています。

　食事を変える有効性についてわかっていることの多くは、アメリカの獣医師で、がん専門医である Gregory Ogilvie 氏の研究で明らかになったことだと思います。彼の研究チームは、食べ物に含まれる 3 大栄養素、炭水化物、蛋白質、脂質に注目し、体がそれらを吸収するやり方に的を絞って研究しました。その結果、がん細胞は、炭水化物からほとんどの栄養を摂り、脂質からは摂れないことがわかりました。流通しているペットフードのほとんどは、炭水化物が豊富で蛋白質と脂質が少ないため、がん細胞がペットフードからたくさんのエネルギーを奪ってしまい、体に栄養が行き渡らないという事態がよく起こります。このことを頭に入れて、Ogilvie 氏は低炭水化物、高タンパク質、高脂肪の食事探しに乗り出しました。この食事は彼いわく、「患者に栄養を補給し、腫瘍を飢えさせる」ものです。

この Ogilvie 氏の研究成果にもとづいて、Hill's Pet Nutrition, Inc®（ヒルズ ペット ニュートリション株式会社）というアメリカの企業が、特にがんの犬に向けた初のドッグフード、「Prescription Diet® n/d〈犬用〉」を開発しました。臨床研究では、リンパ腫で化学療法を受けた犬と、鼻と口のがんで放射線療法を受けた犬に、この「n/d」を食べさせたところ、わずかながら生存期間が延びるという結果が出ました。

乾物量分析値（製品の水分を除いて示した栄養量）

	アダルト	シニア	n/d®〈犬用〉
蛋白質	25.3%	19.3%	38.0%
脂肪	15.9%	15.8%	33.2%
炭水化物	52.3%	56.1%	19.9%

通常のドッグフード2種類と Prescription Diet® n/d〈犬用〉との比較

　「n/d」は缶詰で、動物病院でのみ購入できます。特に大型犬の場合は、かなり費用がかかるかもしれません。蛋白質と脂肪が多く含まれているため、このフードはとても栄養価が高く、普通のご飯から突然「n/d」に変えると、吐いたり下痢をすることがあるかもしれません。そのため、食事内容を変えるときは数日かけてゆっくりと普通のご飯の量を少しずつ減らし、「n/d」を少しずつ増やしていくように、担当医から指示があると思います。なお「n/d」は、健康な犬や、がん以外のほかの病気にかかっている犬には適しません。

鍼（はり）治療

　鍼治療ではおそらく、がんを治したり、腫瘍の成長を食い止めることはできませんが、治療中の犬の痛みの緩和や、副作用が出たときの症状の軽減が見込め、免疫系の改善にも効果が望めると思われます。とても細い針で体表のつぼを刺激する伝統的なやり方に加えて、獣医療ではお灸、電気針、レーザー針、ツボに少量の液体を注入する水針などもあります。

　鍼治療の、もっとも一般的な利用法は、がん自体から来る痛みや、手術、放射線療法などのがん治療から来る痛みや不快感を和らげることでしょう。

第 5 章　ほかに考えられる方法とは？

　従来の薬と鍼治療を組み合わせることで、薬の量を減らせることができると結果的に副作用の危険性も小さくできます。もし化学療法の施術期間中に吐き気やおう吐が起きたとしても、電気針を使うと、症状が抑えられることがわかっています。概して、鍼には体の状態をよくする効能があるようです。

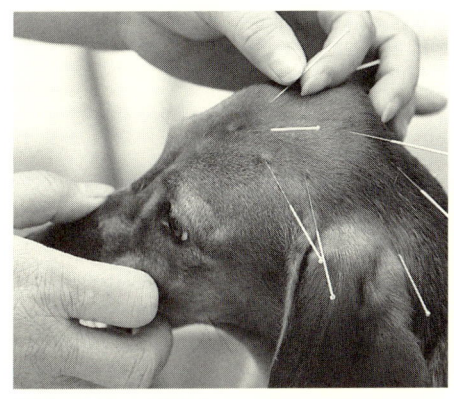

鍼治療を受ける犬
（写真：ロイター／アフロ）

　獣医鍼治療は、人の鍼師にはできません。きちんと訓練を積んだ獣医師が行う鍼治療は、とても安全な医療行為であり、犬は針を刺されてもほとんど気がつかないでしょう。
　獣医鍼治療は、獣医師にしかできません。

カイロプラクティック療法

　鍼は人と動物どちらにも数千年ものあいだ行われてきた治療ですが、カイロプラクティックが動物に応用されたのは比較的最近のことで、どれだけ効果があるかは対照研究が行われていません。カイロプラクティック療法の基本理念では、骨格のゆがみがなくなり神経系がきちんと機能すると、体は自ずから治っていくと考えられています。そのため普通は手で脊柱と四肢を矯正していきます。がんの犬に応用するカイロプラクティックは、痛みを緩和することによって全身状態を改善し、運動性を高めることを主に目指します。
　動物へのカイロプラクティック療法は獣医師だけが行えます。

マッサージ療法

　マッサージ療法は、愛犬の腫れやしこりを調べるときに飼い主さんがする軽いマッサージとは違います。人に対して理学療法士が施術するように、もっと正確で集中的なマッサージをします。マッサージ療法にはたくさんの種類があって、やり方もさまざまです。がんの犬に対しては普通、痛みを緩和し、身体機能を維持するために行います。

　マッサージ療法は、がん治療の代替療法としては賛否両論分かれる治療法のひとつです。というのも、獣医師の中には有益だと思う人もいる一方で、転移の危険性を感じて勧めない人もいるからです。

　マッサージ療法の施術を行うかどうかの選択は獣医師にまかせるべきです。

サプリメント（栄養補助食品）

　ビタミンやミネラルなどのサプリメントはたやすく手に入るので、普通は薬だと意識しません。そのため担当医に相談せずに、愛犬にサプリメントを食べさせてしまう飼い主さんも多くいるようです。これが健康な犬なら何の問題もないのですが、もしがんと診断された時点で与えていたなら、まずは担当医にどんなサプリメントを食べさせているか相談して、そのまま続けるべきかどうかを聞いてください。

　担当医から処方されていない、もしくは勧められていないサプリメントをあげたり、そのまま続けたりするのは避けましょう。

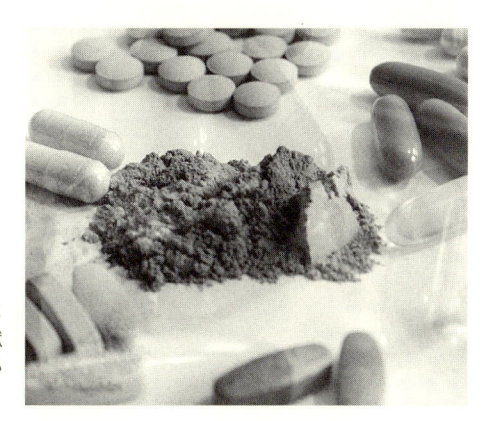

第5章　ほかに考えられる方法とは？

サプリメントの使用に対しては、いまだに獣医師の意見が割れています

　サプリメントが実際にがんの犬の助けになるかどうかは、いまだに議論のさなかにあります。獣医師によってはサプリメントの使用を奨励している人もいます。けれど一方で、ビタミンCやEといった抗酸化作用のあるサプリメントを与えると、化学療法や放射線療法の治療効果が薄れてしまうかもしれないと思う人もいます。

　また、獣医師から処方されたサプリメントでも、治療を始める前にやめるよう言われることがあります。

　愛犬ががんになったら、役に立ちそうなことは、とにかくどんなことでも試してみたくなるのが自然ですし、試すのは早ければ早いほどよいでしょう。けれども、割りきることも大切です。もし愛犬が痛みもなく、担当医による治療が進んでいるなら、じっと待って、その治療の成功を期待することが飼い主さんがしてあげられる最大のことかもしれません。

第6章
別れのとき

　がんとの闘いで起こる悲しい現実として、飼い主さんの懸命な介護の甲斐なく、最後にがんが勝利宣言を出すということがあります。そのとき、飼い主としてのあなたの役目は、看病をしてあげるだけではなく、闘い続けることがもはや犬にとっては最善でなくなったと気づいてあげることです。ある意味で、がんと闘うというのは戦場で戦うようなものです。いつ戦うべきかを知らなければなりませんが、同時にいつ退くかも知っておく必要があるのです。

　退却するというのは、化学療法や放射線療法などの積極的治療を止めることを指します。治療を止める理由にはいくつかのパターンがあるでしょう。たとえば、症状が落ち着いて安定したあとにがんが再発して、今度はもう処置ができない場合。いまの治療では効果がないことがはっきりしたり、治療の副作用によって愛犬が激しい苦痛を味わっていたりする場合。また、担当医にもう選択肢がないと言われる場合もあるかもしれませんし、金銭的、物理的理由で治療が続けられない場合もあると思われます。
　しかしこういったことよりもむしろ、単純に愛犬が疲れきっていて、もうこれ以上闘えないだろうと飼い主さんが感じた、という理由が多いでしょう。そう、終わりが近づいているのです。
　終わりが近づいてきたと感じたら、担当医と相談してどのような可能性が残っているか聞いてください。たとえ愛犬の余命を延ばすような選択肢は

まったく残されていなくても、生活の質を維持する、もしくは向上さえ望めるような手段はまだたくさんあるかもしれません。これから飼い主さんが目標にするのは、愛犬を幸せにし、気持ちよく過ごさせ、できるかぎり苦痛をなくしてあげること。いよいよ、ホスピスケアを考える時期なのです。

ホスピスケアとは何か？

> 「あなたはあなただから大切なのです。その生を終える最後の瞬間まであなたはかけがえのない人です。だから私たちは出来得るかぎりのことをしましょう。あなたが安らかに死を迎えられるだけでなく、そのときまできちんと生きられるように。」
> 　　　　　　　　Cicely Saunders（現代ホスピス運動の生みの親）

　1960年代末、人医療の分野ではイングランドで初めて現代ホスピスケアが導入されました。ときに安楽ケアや終末期ケアとも呼ばれることのあるホスピスケアの目的は、完治は不可能とわかった時点で病気の症状を抑えることに的を絞り、末期患者が残された日々をなるべく快適に、家族に囲まれて過ごせるようにすることです。

　それから数年たち、ホスピスケアの原理は獣医療にも導入され、それまでは安楽死しか選べなかったペットの多くが、新たにもらった貴重な時間を飼い主さんと一緒に過ごせるようになりました。動物病院のなかには入院でのホスピスケアを勧めるところもありますが、ホスピスケアの本来の考え方からすると、患者はできるなら病院ではなく、もっと安らげる環境で残りの時間を過ごすことが望まれます。犬の場合であればもちろん、一番幸せな時間を過ごしてきた家がよいでしょう。そして飼い主さんが中心になって、介護と世話をすることになります。

あなたができること、できないこと

　痛みを抑え続けるというのは、ホスピスケアのとても大きなポイントのひとつですが、飼い主さんが自分でできることではありません。適切に処置するためには獣医師との協力が不可欠です。担当医が痛みを抑える薬や、必要ならサプリメントやほかの薬も処方し、どのように服用するかを教えてくれるでしょう。出てきてしまった痛みを和らげるよりも、初めから防いでしまうほうが簡単なので、犬が痛みを訴える様子がまったくなくても、予防として鎮痛薬が処方されるかもしれません。

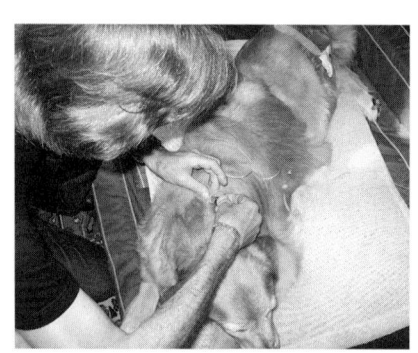

家での点滴風景

　薬をあげる以外にも、愛犬を病院に頻繁に連れて行かなくてもいいように、飼い主さんが自宅でできるホスピスケアがいくつかあります。犬の状態にもよりますが、たとえば、カテーテルを使って尿を出させる、点滴を使って皮下へ輸液を流す、傷を消毒して包帯を替えるなどの世話が考えられます。こうしたこまごまとした仕事については、担当医や動物看護士から説明があり、やり方も教えてもらえるでしょう。もしこれは自分ではやりにくいと感じた世話があれば病院でやってもらい、それ以外は家でするというのも可能です。

第6章　別れのとき

> 　ホスピスケアには多大な時間と労力が必要です。犬のそばにずっとつきっきりでいる必要は普通ありませんが、愛犬をほんの少しのあいだも一人ぼっちにはできないと感じてしまうかもしれません。しかしそれでは飼い主さんに重荷になってしまうと思います。ときには自分の代わりに友人や親類に犬のそばにいてもらえば、一息つけて、自分の時間もいくらか持てます。愛犬のためにも、飼い主さんは健康で元気でいたいものですね！

　ホスピスケアは医学的な治療だけを指すのではありません。一番大切なのは、愛犬に愛と幸せをあげること。できるだけ望ましいかたちでさよならを言うこと、残された月日を愛で満たしてあげることです。終わりが近くなり、悲しくなるでしょうが、嘆かないようにしてください！
　第2章でお話しした「予期悲嘆」のことを思い出しましょう。嘆き悲しむよりも、いまは愛犬を楽しませるために、できるだけのことをするときです。もしあなたの犬が泳ぐことが好きなら、担当医の許可をとって、ぜひ泳ぎに連れて行きましょう。泳いでいる間はそばについていてあげてください。でも心配しなくても大丈夫。疲れたら犬は自分から泳ぐのを止めるでしょうから！　同じように散歩を楽しみにしている犬なら、たとえ少ししか歩けなくても散歩に連れて行ってあげましょう。数回の短い散歩でも十分楽しいはずです！　もし戸外での運動ができなくても、言葉をかけたり、やさしくブラッシングやグルーミングをしたり、ちょっとした遊びをするだけでも喜ぶでしょう。

愛犬の大好きなことを
しましょう！

そしてもちろん、忘れてはいけないのが、犬の大好きな時間、食事です！
最後の日々は、担当医が許したなら、何でも好きなものを食べさせてやりましょう！ ストロベリー・アイス、ポップコーン、甘納豆、それにベーコンでも構いません。好きなものは何でもあげてください。もしもビールが好きなら……ちょっとだけならビールをあげてもよいでしょう！

> ！ 食べ物のなかには犬にとっては有害になるため、絶対にあげてはいけないものがあります。一番有害なのがタマネギ、チョコレート、ブドウ、干しブドウです。もしこうした物を食べてしまった可能性がある場合は、獣医師に連絡してください。
> ほかにも有害になり得るのがアボカドやマカダミアナッツ、コーヒーなどのカフェインが入っている物、ポテトチップスなどの塩分がとても多い物です。

また、水分はいつも十分に摂らせてください！ 水を飲むように促し、もし飲みたがらないなら、鶏がらスープやブイヨンなど、思いついた液体ならどんなものでも試してみましょう（ただしブドウジュース、ココア、カフェインを含むものは飲ませてはいけません）。氷を食べさせるのも有効かもしれません。愛犬が飲み物をまったく受けつけないなら、担当医に相談してください。水分を摂取させる手段を教えてくれるはずです。

第6章 別れのとき

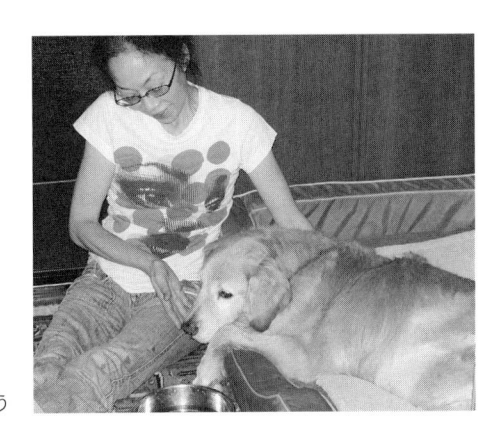

なるべく水分を摂らせましょう

ホスピスケアができないときは？

　ホスピスケアは気軽にできることではありません。飼い主さんと獣医師の双方が献身的に取り組むことが求められます。もしあなたが必要となる世話をこなせないとか、愛犬のそばにいる時間が十分にとれないと思うなら、あるいは担当医が乗り気でないなら、自宅でのホスピスケアはお勧めしません。
　反対に、飼い主さんと獣医師に意欲があり、環境も整っているなら、犬のほうは大賛成でしょう！　しかし、犬によっては飼い主さんが薬を飲ませようとしたり、世話をしようとすると嫌がることがあり、飼い主さんを避けようとすることさえあります。もしあなたの犬が飼い主の世話を受けたがらず、ほかにその役目を代わってくれる人がいないなら、ホスピスケアをしても、犬と飼い主さん双方のストレスがたまるだけなので、この場合もお勧めはできません。

　担当医がホスピスケアに反対で安楽死を勧めてきたけれど、あなたは愛犬に別れを告げる準備がまだできていないと感じているという場合は、ホスピスケアに協力してくれる獣医師のもとへ、セカンドオピニオンを聞きに行ってもよいかもしれません。

107

ホスピスケアは病気の完治を目指すものではありませんので、残された貴重な数日間、数週間、ときには数か月間が過ぎれば、飼い主さんは愛する友に別れを告げなければなりません。飼い主さん全員が望むのは、そのときが来たらあとは苦しまず、自然に、安らかに、そしてすっと目を閉じてくれることです。もしそんな願いがかなったら感謝しましょう！　それはあなたの犬が見せる最後の愛のかたち、最後のおくりものだと思ってください。けれど、ときには飼い主さんが愛犬に最後のおくりものをしなければならないかもしれません。これ以上命を引き延ばすことが、彼にとって苦しみにしかならないときに、その苦しみを終わらせるというおくりものを。

別れを告げるべきときを、どうやって知るか？

　「そのときがきたらわかるよ、犬がサインを出してくるはずだから」と言う人もいます。たしかにただ待つというやり方は、自分で決断をする必要がないので、飼い主さんにとってはとても楽な方法です。しかし、そのようなサインが投げかけられることがなかったとしたら、または見落としてしまったとしたら？　ただじっと待っているあいだに愛犬がもう十分すぎるほどの苦しみに襲われているとしたら？　どうか、そんな魔法のサインなどを待つのではなく、犬の状態をきちんと見て、何を思っているのかわかろうとしてあげてください！　まだあなたの犬は、生きていることを楽しめているでしょうか？　まだ快適でしょうか？

> 　獣医師が犬の満足度を評価するときに「クオリティ・オブ・ライフ」または「QOL」という用語を使うかもしれません。この用語は、一般にホスピスケアを評価する指針に使われることもありますが、ほかの用途でも幅広く使われます。あるメーカーでは栄養剤の名前として使われることさえあります。したがって本書では混乱を避けるため「クオリティ・オブ・ライフ」と「QOL」という用語は使いません。

　愛犬の生活の質を評価するというのは、とても個人的なことであり、ある飼い主さんには受け入れられても、別の飼い主さんには受け入れがたいとい

うこともあり得ます。飼い主さんのなかには、自分の犬を失うことを考えるだけで耐えられないという人もいて、状況がどれだけ悪くなってもそれを認めたがりません。もしあなたがそのような飼い主さんのひとりなら、こう考えてみてください。「自分自身が苦しまずにすむためなら、犬が苦しんでもいいのか」と。答えはもちろん違いますね。あなたはきっと「いや、絶対に違う！」と答えるでしょう。

　大切なのは愛犬の生活をすべての面から客観的に見て、耐えられる「最低ライン」を引いてみることです。もうそれ以上よくなる見込みがまったくないところまで状態が悪化して、「そのときがきた、この子はひどい苦しみに襲われている」と思うところが最低ラインです。生活状態を判断するには気をつけるべき点がいくつかありますが、担当医が相談に乗ってくれるでしょう。

　ひたすらゆるやかに衰弱していく場合、1日ごとの変化になかなか気づかないこともよくあります。もし日誌をつけているなら、昨日と今日とを比べるのではなく、1週間前と今日とを比べることができますから、変化に気づきやすくなります。もしまだ日誌をつけていないなら、いまが始める絶好のタイミングです！

注意しておくべきこと：

　痛み── まだ痛みを抑えることができるか？
　　痛みを抑えるというのは、がんの犬にとってもっとも大切な要素です。第4章で説明したように、犬が痛みを感じている様子がないか、よく観察してください。担当医が必要に応じて鎮痛薬の処方や加減を調整しますが、一番強い薬でも、最終的には痛みを抑えられなくなります。たとえば呼吸が不規則になったら、それは痛みが原因かもしれません。呼吸の仕方にも注意しておきましょう。

　栄養── 自分で飲食できるか？
　　もし愛犬が食べることが好きなのに、急にご飯を面倒くさがるよ

うになったり、それどころか嫌がるようになったら、どこかに深刻な異変が起きていると通常は考えられます。そんな状態がずっと続いて、手で食べさせても、食事の内容を見直しても改善しないようなら、栄養チューブを使って補給させるしかありません。

　犬が食べたがっているけれど、手術や放射線療法をしたあとなので食べられない、というような理由があって栄養チューブを使う場合は心配することはありません。一方、食べたがらないから人工的に栄養を補給しなくてはいけない、となると話は違ってくるでしょう。

動作──起き上がったり歩いたりするのに支障はないか？
　手助けなしでは立ち上がったり歩いたりできないとき、それが切断手術などの手術によるものなら、一時的な状態でしょうから神経質になる必要はありません。けれど、手術などをしていないのに立ちあがり方がおかしかったり、散歩に行くのを渋ったり、発作やひきつけを起こしたり、よろめいたりするなら、状態は悪くなっていると思われます。

排せつ──排尿、排便がうまくできるか？
　愛犬の「おもらし」を掃除するのは、ほかの世話に比べたら大したことではありませんが、それがただの失敗なのかどうかは確かめておかなければなりません。もしその失敗が日常茶飯事になってきたなら、それは膀胱か腸、もしくはその両方の機能を、コントロールできなくなっているのかもしれません。

幸せ──いまでもいつもどおりに振る舞っているか？
　たいていの動物と同じで、犬というのは習慣にのっとって生活する生き物であり、理由もなしに自分のやり方を変えることはありません。愛犬がいままでのように挨拶してこない、それどころかあなただと気づいていない、ほかのペットへの接し方が変わった、周りで起きていることを気にとめない、以前はとても大好きだったことをしたがらなくなった、などの様子が見てとれたら、彼はあまり幸

せではないかもしれません。昔のようには、自分の人生を楽しめなくなっているのかもしれません。

　以上に挙げた中で特に痛みや食事に関して、ひとつかふたつでも当てはまる兆候があったり、おう吐や下痢がずっと続くといった症状に気づいたら、担当医と話し合ってください。たいていの場合、担当医はその症状が一時的なのか、それともずっと続くのかを判断してくれるでしょう。さらに彼らが言うところの、愛犬のいまの生活の質についても評価してくれるはずです。もしずっと続く症状が出ていて、薬では抑えがきかないとなったら、愛犬はすでに苦しみに襲われていることも考えられます。そして安楽死という選択肢だけが、ただひとつ残るかもしれません。

安楽死

　安楽死は、ペットに関して決めなくてはならないことのなかで、一番大変だとよく言われます。安楽死を選ぶかどうかはあなたの人生で、いまだかつてないほどの難しい決断になるでしょう。それでも、愛犬が苦しんでいて、回復する見込みもないことが明らかになったときには、安楽死を選ぶのは正しいことであるのはもちろん、飼い主としてのあなたの責任でもあります！いま話しているのは、「自分の犬を見捨てること」でも、「自分の犬を殺すこと」でもありません。これは愛犬が不要な苦しみに苛まれることなく、安らかに、そして尊厳をもって死んでいける機会を与えるかどうかについての話です。決して「私にはできない、この子を愛しているから！」と言わないでください。愛しているからこそ、やらなくてはいけないこともあるのです！

> 苦しんでいるのにただ、命をつなぎとめようとはしないでください！
> 自分の愛する犬を苦しませないで！

　どの治療法がよいのか決めるときと同じように、安楽死をさせるかどうか決めるのは獣医師ではありません。担当医は犬の状態を説明し、もしかした

ら安楽死が最善だと勧めるかもしれませんが、最終的な決断は飼い主であるあなたがしなくてはいけません。そのためには、犬の状態を十分に理解しておくことがとても大切です。もし何かわからないことがあれば、もう一度説明を聞きましょう。もし何もしなければ、今後どのようになっていくかを担当医から聞き、愛犬がそれに耐えられるかどうかよく考えてみてください。

　たとえ最終的に決断を下すのがあなたであっても、きちんと家族と相談して、全員の同意を得るか、少なくとも理解はしてもらいましょう。その際は、子どもにも話してください。子どもは、大人ほど自分本位ではないでしょうから、もし自分たちの犬が痛みなどに苦しんでいるとわかれば、あなたの決断を受け入れてくれやすいと思います。そのため、病状を家族に説明するとともに、回復や好転の希望がないこともきちんと話しておくことが大切です。

　もしまだ迷っているなら、自分の胸に聞いてみてください。「私が考えているのは自分の犬にとって最善なことだろうか、それとも自分自身にとって最善なことだろうか？」と。

安楽死は苦しいか？

　いいえ、安楽死に苦痛はありません。実際の処置の仕方は、動物病院によって違いはありますが、通常使用されるよりも多量の麻酔薬を、普通の注射と同じように注射器で静脈に直接注入するか、静脈内カテーテルを挿入して注入します。すると間もなく、薬の効力で犬は覚めることのない、深く安らかな眠りにつきます。

　安楽死の手順については、たとえいますぐ必要なわけではなくても、ためらわずに担当医に説明してもらいましょう。実際に何をするかをきちんと把握しておくと決断しやすくなり、あとから疑問がわいてきたり、悔やんだりすることも避けられると思います。

最後までそばにいてあげられるか？

　あなたたちご家族が安楽死をさせる現場に立ち会うかどうかは、あなたたちが決めることです。また、家に訪れて安楽死を施してくれる獣医師もいるので、それだけで深い慰めになるでしょう。

　立ち会うか立ち会わないかを決めるときは、そこにいたいかどうかをじっくり考えてみましょう。立ち会えばいくらか気持ちの整理をつけられると感じる人は多いですが、反対に激しく動揺するだろうと感じる人もいると思います。動物病院で処置を施す場合は、飼い主さんがこのつらい時間を静かに過ごせるように、通常はほかの患者がいない遅い時間帯か休診時に施術をします。

亡くなったあとのなきがらの供養方法を考えるのは、ぎりぎりにしない方がよいでしょう。準備だけはしておき、そのときが来るまで忘れてしまってください。

　まず最初に決めるのは、土葬か火葬のどちらにするかということです。土葬ならどこに埋めたいか、家の庭か、ペット用の墓かを決める必要があります。公園などの公共の場に埋めることは禁止されています（お住まいの自治体に問い合わせてください）。
　火葬なら、合同火葬か個別火葬かを選びます。通常、合同火葬は安価で、ほかのペットの遺骸と一緒に火葬されます。基本的に遺骨は家族の元へ戻してくれません。火葬後は、ひとつのお墓に納骨されるか、火葬所が選ばせてくれるところなら、花壇などに散骨することもあります。一方、個別火葬を選んだ場合は、あなたの犬は一匹だけで火葬され、遺骨は骨つぼなどに納めて返してもらえます。
　個別火葬のよい点をひとつ挙げると、最終的に遺骨をどうしたいか決められることでしょう。お墓に埋めようと決めたものの、あとになって「とても寂しい」と感じ始めて、埋葬したことを後悔する人もいます。個別火葬なら、遺骨を受け取っても、すぐにどうするか決める必要はありません。遺骨は手元に取っておいて、そのまま家に置いておくか、庭に埋めるか、それともお墓に埋めるかを、あとから決めることができます。

　土葬にせよ、火葬にせよ、大切なのは信頼できる葬儀社を見つけることです。担当医に紹介してもらうのもよいでしょう。もしくは知っている人が以前に利用した葬儀社を選ぶのもよいかもしれません。あまりインターネットで探すのはお勧めしませんが、もしそれしか方法がない場合は、しっかり問い合わせをしましょう。

ここまで、あなたはよくやりました。すばらしい友に望み得る最高の生を与え、彼が病気のときは可能な限りの看病をしてあげ、苦しませないように努めてきました。時間がたつにつれて、自分のしたことに疑いを持つかもしれませんが、どうかそれだけはやめてください！　悔やんではいけません！
　あなたは、できるだけのことをしたのですから！

第7章
愛だけを残して

　多くの飼い主さんにとって、犬は自分の子どものようであり、愛犬の死に直面すると、まるで自分の子どもが死んでしまったかのような辛さを味わうでしょう。もしかしたら、それよりも深い悲しみがあるかもしれません。というのも亡くなったのが子どもなら、周りの人々はあなたが嘆くのをわかってくれて、支えてくれるはずです。決して誰も、「たかが子どもだよ、いつでも違うのを手に入れられるじゃない」とは言わないでしょう。ところが、それが犬となると、多くの人がそのせりふとまるっきり同じことを口にします。「たかが犬だよ、いつでも違うのを手に入れられるじゃない」と。ときには実際にペットを飼っている人ですら、自分がペットを亡くしてみるまで、あなたの悲しみがどれだけ深いかわかってくれません。こうしたことから、多くの飼い主さんは自分の犬の死を、より耐えがたいと感じてしまいます。自分の悲しみに戸惑い、いまの自分の喪失感を話せる相手がどこにもいないように感じて、一人ぼっちになった気分を味わいます。

　悲しみは恥ずかしいことでも何でもありません。悲しみは、自分の愛した誰かや何かを失ったときに感じる自然な反応で、愛すれば愛するほど悲しみもどんどん深くなるものです。失う相手は家族であろうと、近しい友人であろうと、ペットであろうと変わりはありません。言うなれば、悲しみは最後の愛の証であり、それを否定したり押し込めたりすることは、一番してはいけないことです。悲しみを受け入れ、理解し、つきあっていくことで、やがて失ったという事実を受け入れられるようになっていきます。愛犬のことを

忘れてしまおうと言っているわけではありません！　喪失を受け入れるというのは、いま感じている深い悲しみから解放された状態で、一緒に過ごした日々のことを思い返したり、誰かと語りあえたりするようになれるということです。もしかしたら、完全に立ち直ることはできないかもしれませんが、それでも悲しみとうまくつきあっていくすべを身につけることができるでしょう。

> もし心底打ちのめされてしまって、悲しみに自分の生活を振り回されたり、健康を脅かされたりするようなら、自力で解決しようとはせず、専門のセラピストやペットロス・カウンセラーに相談してください。担当医がカウンセラーやペットロス支援団体を紹介できるかもしれません。紹介できるところがなくても、インターネットを使えば、自分でカウンセラーや支援団体を見つけられます。検索エンジンに「ペットロスカウンセリング」や「ペットロスサポート」と入力して、検索してみましょう。

悲しみの段階

人にはそれぞれ自分なりの悲しみ方があるものですが、愛する者の死に接すると、その喪失感と格闘していくなかで、さまざまな感情の移りかわりを経験する人がたくさんいます。現代の心理学では、こうした感情の移りかわりを「否定」、「怒り」、「交渉」、「抑うつ」、「受容」から成る「悲しみの諸段階」と呼んでいます。ペットを失ったことによる悲しみも、通常は人の死による悲しみと同じ段階をたどりますが、ひとつだけ決定的な違いがあります。ペットが死んだ場合は多くの人が「交渉」段階の代わりに、「罪悪感」の段階を経験するのです。

以下に悲しみの諸段階の内容をまとめておきました。だいたいこういうたどり方をするだろうという順に説明していきますが、絶対この順序でなくてはならないわけではありませんから、自分の悲しみのたどり方がこの順序どおりでなくても、気にしないでください。「正常な」悲しみ方など、どこに

117

もないのですから！　ここで説明している順序とは違う進み方で各段階を経験していくこともあるでしょうし、いくつかの段階を飛ばしたり、またはひとつ前の段階にもう一度戻ってから次の段階へ進むこともあると思います。

否定──ショックや不信などと言われることもあります。否定は心の安全弁のようなものです。愛犬が死んだことを受け入れるのがあまりにも辛いとき、まずはじめにすることはその死を信じないことでしょう。否定段階の感覚を表現してもらうと、多くの人が「自動運転」している状態、つまり何事もなかったかのように毎日を繰り返している状態だと言います。否定というのは、喪失感を徐々に和らげていく健全なやり方です。通常、最初にやって来る段階であり、一番短く終わる段階でもあります。

怒り──愛犬の死を否定せず完全に自覚すると、とても傷つき、その苦しみをほかの誰かのせいにしようとします。あなたは、自分自身に怒りを感じるかもしれません。家族に対する怒り、死んでしまった犬にさえ「なんで私を置いていってしまったんだ？」と怒りを覚えることすらあります。命を救えなかったという理由で、怒りの矛先が獣医師に向けられることも多々あります。怒りというのは悲嘆に暮れているあいだの一時期に自然に生じてくるものだと知ることが大切です。本当に怒る理由があるかどうかを胸に手を当てて聞いてみれば、その怒りを抑えやすくなり、最終的には弱まるか、消えてしまうでしょう。

罪悪感──「もし～していれば」ということばかり考えるようになったら、罪悪感の段階に入ったというしるしです。あなたは起きてしまったことに対して自分自身を責め、それを防げなかったことで罪悪感を感じます。おそらく考えることは「早く病院に連れてっていれば……」とか、「もっと自分が気をつけていれば……」ということでしょう。あなたを頼りにしていた愛犬が死んでしまったいま、自分が彼を裏切ったような気にすらなります。「信じてくれたのに、私は応えてやれなかった」と。

第7章　愛だけを残して

「信じてくれたのに、私は応えてやれなかった」

　罪悪感は特に、自分の犬を安楽死させた人に強く湧きあがる気持ちかもしれません。たとえ決断した瞬間には正しいことをしているとわかっていたとしても、急に自分の判断が疑わしくなり、もう少し待つべきだったのではないか、もう少し頑張ってみるべきだったのではないか、と思い始めます。同じように、安楽死の施術には立ち会わないと決めた人も、結局最後は自分の犬を見捨てたのではないかと感じて、苦しむかもしれません。

　罪悪感を抑えるのは難しいことですが、そのうち徐々に、自分はできる限りのことをしたし、自分のせいではないと納得できるようになるでしょう。愛犬に向けて手紙を書き、自分が感じていることをつづり、自分がしたことに対してなぜそうしたのかを説明してみると、罪悪感も収まるかもしれません。

抑うつ──抑うつは、人が強いストレスにさらされたときに起こる正常な反応で、愛犬の死に打ちのめされている状態です。悲しくなったり、疲れきったり、ぼんやりしてしまうことでしょう。よく眠れないとか、食欲がないと感じるかもしれません。すべてがどうでもよくなって、しばらくのあいだ、毎日の暮らしから目をそむけたくなることもあるでしょう。

　これはごく自然なことです。愛犬を失ったのになにも感じないとしたら、そちらの方がよほどおかしいことなのですから！

抑うつの感覚は、ときには数分、ときには一日中という具合に出てきたり消えたりします。しかし、抑うつ状態が長引いて、自分の手に負えなくなるようなら、メンタルヘルス専門のカウンセラーなどに相談することをお勧めします。ペットロス・カウンセラーは通常、その状態に対応する資格を持っていません。

　受容──この段階には「終結」という呼び方もありますが、受容の方が言い方として断然適切だと思います。終結というのは物事に完全にけりがつき、もうそれは過去のことになったかのようなニュアンスがあります。しかし愛犬の死によって湧きあがるさまざまな感情に対峙していくとき、飼い主さんの思いはおそらく過去のものにはならないでしょう。自分の犬が死んだことを受け入れられる日が来ても、ときおり悲しみがやってきます。しかし、そのときはもう、ひどく苦しむことはなく、よいことも悪いことも思い返せるようになるでしょう。新しい物事にまた興味が出始め、生活し続けていく心の準備ができるでしょう。

悲しみにどうやって向き合うか

　ほとんどの人は、悲しみに意識的に向き合っているわけではありません。人々は苦痛を感じ、自分自身の怒りや罪悪感の原因になっているものに意識を向けないまま、それらの諸段階を通り過ぎていきます。そして自分の喪失感を受け入れるきっかけをつかんで、人生を前に進めていきます。しかし悲しみに段階があることを知れば、自分の心の中をもっと深く理解しやすくなるので、限界まで高まる激しい感情や、その感情が引き起こした混乱を抑えることができるはずです。たとえば、怒りというのが悲しみの中の一段階だとわかれば、自分の怒りに目を向けて、はたしてその怒りに筋が通っているのかを冷静に考えられると思います。

第 7 章　愛だけを残して

　悲しみが消えるまでには時間がかかります。すぐに気分が良くなるような特効薬はありませんが、日ごとに少しずつ気持ちが軽くなる簡単な方法を紹介します。

　人と話す──話せる相手など誰もいないと思っていたとしても、あなたはひとりきりではありません。自分のペットを亡くした人はほかにもいるのですから、あなたの気持ちを理解してくれるでしょう！　もし周りにいなければ、ペットロス支援団体に参加してみてもよいでしょう。

　しっかり食べる──特にはじめのうちは食欲がなく1～2食抜いてしまうかもしれません。しかし悲しむことはとてもエネルギーを使うことですからきちんと食べるようにしましょう。

　体を動かす──1日数分歩くだけでも、毎日続ければ家にこもらず外に出ていくことになるので、心身ともによくなっていくでしょう。

　散歩の代わりになるものを見つける──犬と一定時間散歩することを習慣にしていたなら、空いた時間に何か別のことをしてみましょう。なにもせずにいたり、ひとりで散歩するのは悲しみが増すだけですから、代わりにガーデニングなど、何か別のことをしてみてください。

　ほかのペットに気を配る──ほかのペットを飼っているなら、そのペットを特に気にかけてあげることがお互いのためになります。彼らも友が死んで悲しんでいるでしょうから！

　愛犬の死に直面した悲しみをどうすればいいのか、もっと詳しく知りたい方は本を読むかもしれません。ペットロスについて書かれた本はたくさんありますが、読んでみて、正反対のアドバイスをしている本があってもどうか驚かないでください。たとえばある本では、死んだ犬を思い出させる写真やおもちゃ、そのほかの品々を、目に入らないようにどこかにやってしまうこ

とを勧めていて、別の本では、それらをすべてそばに置いておくことを勧めているかもしれません。これはどちらかの本が間違ったことを言っているわけではなくて、それぞれが違ったやり方で、悲しみに対処しようとしているだけなのです。

> 　一番よいのは、自分が気に入ったアドバイスだけを実行してみることでしょう。もし周りに愛犬の写真を飾っておきたければ、「本に書かれているから」という理由で隅に押し込めてしまうのはやめましょう。反対に、写真を見ると動揺してしまう場合は、そのまま置いておくことを説いた本を読んだとしても、気にせずに片づけてしまいましょう。
> 　何をするにせよ、したくないことはひとつだってしなくてよいのです！　もし犬のおもちゃを見ると落ち込んでしまうなら、見えないところにしまっておきましょう。ただし捨てないようにしましょう！　あとでひどく悔やむかもしれませんから！

この悲しみはいつまで続くのか？

　悲しみの期間は決まっていません。人によっては数日、数か月、または数年という場合さえあります。同じ家族の中でも、そこまで深く悲しまない人もいれば、すごく悲しむ人もいます。これは善し悪しの問題ではなく、ただ、犬とのかかわり方が人それぞれ違うということです。その人を取りまく環境によっても、死は受け入れやすくなったり受け入れにくくなったりします。たとえば、犬を連れて散歩するのを日課にしていた飼い主さんは、友人を失っただけでなく、その生活習慣をも失ったことになります。散歩の途中で、ほかの飼い主さんたちと話をすることが生活の一部だったのに、いまはもうその仲間には入れない。こんなことが起これば、その人の悲しみは一層募り、愛犬の死を乗り越えることがもっと難しくなることでしょう。

第 7 章 愛だけを残して

もう仲間の集まりには加われません

子どものペットロス

　飼っていた犬を失ったとき、子どもたちが感じる悲しみや怒り、罪悪感は大人と同じくらい切実なものであり、軽く考えられるものではありません。テレビや映画が浸透しているので、いまの子どもたちは両親が子どもだったときよりも死というものを見聞きしています。それでも、多くの子にとってペットの死は、親友を失う初めての体験であり、本物の悲しみを味わう初めての瞬間です。子どもたちが自分の悲しみにどう接するか、それを助ける方法がとても重要になってきます。子どもを守ってやりたいですし、子どもが泣くのは見たくないと思うのは当然なのですが、あなた自身の悲しい気持ちを完全に隠し通すことはできません。子どもたちは何かがおかしいと気づきます。そして一番気になることを聞いてくるでしょう。そう、「うちの犬はどうしたの？」と。

　この質問に答えるときは絶対に嘘をつかないでください。決して「あのこはどこかへ逃げたよ」などと言ってはいけません。そんなことを言えば、子どもはもっと心配して犬を探し始めてしまいます。同様に、誰かがさらっていったとか、動物病院にいるとか、おばあちゃんの家に行っているとも言ってはいけません。子どもには本当のことを教えるべきです。うちの犬は死んでしまったから、もう戻ってはこないんだよ、と。
　どの程度はっきりと伝えるかは、子どもの年齢によります。

2〜3歳 ── この年の子どもは死について何もわかりません。ですから「犬は死んじゃってもう戻ってこないんだよ」という言葉をそのまま受け入れるでしょう。あなたは自分の気持ちを隠すことはありませんが、あまり強く出しすぎないようにしましょう。子どもが心配していないか確かめるためにも、子どもが言ったこと、やったことのせいで死んでしまったわけではないと、教えておいてください。

4〜6歳 ── この年齢になると死というものにある程度理解を示しますが、忘れてしまったりすることもあります。ときどき子どもが罪悪感を感じて、自分のせいだと思ったりすることもあるので、そうではないと安心させてあげましょう。悲しんだり、気持ちを素直に表すことはよいことだと教えてあげてください。

7歳以上 ── 小学校に入るくらいの年になると、子どもはたいてい死が何かを理解し、忘れません。あなたは愛犬の死に関して、子どもがどんな質問をしてきても気軽に答えてあげてください。特に幼い子どもほど自分が言ったことや、やったことが原因で死んでしまったと思いがちですので、自分のせいではないとわかっているかどうか確かめておく必要があると思います。

　この年齢分けはだいたいの目安です。子どもの個性は千差万別ですから、自分の子どもにいつ、何を、どこまで話すかは、もちろん最終的に親が決めることです。

　去ってしまった愛犬の葬式に子どもを同席させれば、その子が死を理解し、受け入れやすくなるのではないでしょうか。もし実際に、埋葬や火葬に立ち会うと、あなた自身の気持ちが抑えきれなくなるかもしれないと思うのであれば、家で別に葬式をしてもよいです。そのときは、たとえば犬のために絵を描かせたり、思い出になるようなものを作らせるなど、子どもに自分の気持ちを表現させてみてください。

また、子どもが通う学校の教師にも、自分の家の犬が死んでしまったことを伝えておくと、教師が子どもの普段の様子に変化がないか気にとめてもらうことができると思います。

ほかのペットのペットロス

ほかにもペットを飼っているなら、愛犬の死はそのペットたちにも、あなたと同じくらい影響を与えていると思われます。実際、残されたペットたちはふたつの理由で動揺します。ひとつは友人を失ったことによる自分自身の悲しみであり、もうひとつはあなたの悲しみです。彼らは話すことができないので、飼い主さんが彼らの行動に変化がないかどうか注意して見てやらなければなりません。子どもを支えてあげるのと同じように、仲間を失ったペットたちの心の支えになってあげてください。

結びつきがとても深かった動物どうしは特に強い反応をしめします。たとえば犬を飼っているあなたの家に、生後2か月の子犬が新たにやってきたとします。その犬は、人生のほとんどを年上のお兄さんと過ごし、一人前の犬になるお手本として兄の姿を追いかけながら育ってきました。もしその兄が死んでしまったら、弟はひとりきりで一人前にならなければならず、とても強い衝撃を受けるでしょう。

たとえ特別仲がよさそうに見えなかったり、始終けんかばかりしていた犬どうしでも悲しみがかいま見えることがあります。

お兄ちゃん、
どこにいっちゃったの？

　ペットが見せる悲しみのかたちの中には、人間とよく似ているものがあります。食欲がなくなったり、普段よりたくさん寝たり、大好きだった遊びに興味を示さなくなったりします。しばらくは、いなくなった友だちを探して家の中を見て回ることもあるでしょう。そのほかにも自分の足を神経質にずっとなめたりかんだり、物を壊したりし、以前より吠えたり、ひどいときは軽い発作を起こすことさえあります。もし残されたペットたちのしぐさに気になることがあり、それがずっと続くようなら、担当医に相談してください。

どうやって支えてあげるか

　残されたペットたちが悲しみを乗り越えるために、あなたがしてあげられることは、散歩や食事、遊びなど毎日の習慣を変えないでおくことです。前向きなふるまいをしたら褒めてあげ、反対に後ろ向きなふるまいをしたら、それがどんなことであっても無視しましょう。絶対に腹を立てたり、お菓子で気を紛らわせようとしないでください。ペットたちは飼い主さんの気をひくことが（そしてお菓子も！）楽しくて、同じことをくりかえします。とにかく無視することです。

　残されたペットたちに仲間の死体を見せてにおいをかがせたり、安楽死の施術に立ちあわせたり、埋葬や葬式に連れて行くとよいという人もいます。この話を裏づける科学的なデータはありませんが、やってみても不都合なこ

とはないですから、もし役立つと思うか、気が楽になるのなら、やってみたらよいと思います。

ときには新しいペットが、ほかのペットたちの悲しみをそらしてくれることもあります。残されたのが一匹だけの場合は特にそうでしょう。けれど、あまりにも早く新しいペットを飼うのはやめたほうがいいでしょう。これは大きな一歩を踏み出すことですので、家に新しいペットを迎え入れるかどうか決める前に、考えておかなければならないことがいくつかあります。

新しい犬を飼うべきか？

新しい犬を飼うか飼わないか、その質問に答えられるのはあなただけです。自分の犬をあまりにも愛していたために、代わりを考えることすらしたくない人もいます。また、愛犬の死を経験してみて、あまりのつらさに同じ経験は二度としたくないと思う人もいます。とはいえ、多くの人たちは、いつにするかは決めていないものの、結局のところ新しい犬を飼いたくなります。

> ❗ ペットを失ったばかりの人に、代わりのペットをあげるのは絶対にやめてください。新しいペットを迎えるかどうか、いつにするかを決めるのは、その人自身でなければなりません！

あなたが最近自分の愛犬を失ったばかりなら、すぐさま別の新しい犬を買ってくるのは、普通はあまりよい考えとは言えません。まずは、新しい関係を始める心の準備ができていなければなりません。もし新しい犬を飼うのが早すぎると、その犬が前の犬ではないからという理由で、自分自身に腹を立てたり、その犬を拒絶したい気持ちになることすらあります。たとえあなたの子どもがすぐに新しい犬をねだったとしても、それに応じてしまうのではなく、あなたと子どもたちが愛犬の死にきちんと向き合えるようになるまで、時間をおくとよいでしょう。

そして、いまがそのときだと感じたら、手に入れるのは亡くした犬の分身

ではなく、本当に新しい犬にしましょう。よく、一生懸命前の犬にそっくりの犬を見つけようとしたり、前の犬と同じ名前をつけたりする人がいます。しかし、そういうことはしないでください！　犬種が違ったり、性別が違ったり、見かけが違う犬を見つけて、その小さな新しい家族が、ありのままの自分でいられるようにしてあげたいものです。

　多分、いまは想像もできないでしょう。しかしときが来れば、また幸せになれるかもしれないと感じ、別の犬を飼いたいと思うかもしれません。あなたを引き止めているのは、たったひとつのことです。死んでしまった犬に対して不誠実かもしれないという気持ちでしょう。
　あのこは死んだ。それなのに何で自分が幸せになれる、何で別の犬のことなど考えられる？
　もしそこまで思いつめたなら、思い出してほしいことがあります。愛犬はあなたを幸せにし、あなたからの愛を享受して人生をまっとうしたということを。もし自分の犬を本当に愛していたなら——もちろんそうだったと確信しています——その最後のメッセージがわかるでしょう。
　「幸せになって！　ほかの犬がほしくなったら、遠慮せずに飼っていいよ！　私みたいに、その犬を幸せにしてあげてね！」。

ケンタの日記

人々がとても恐れていることを、
犬が経験したならどう感じるか

ケンタの病気ががんだと判明し、脚を切断しなければならないとわかったとき、私たちは悲嘆にくれて、飼い主さんなら誰でもするだろうと思うことをしました。私たちはケンタを抱きしめ、そして泣いたのです……それはさぞかしケンタを悲しませ、不安にさせたことでしょう。ケンタはきっと自分が何か悪いことをしたと思ったに違いありません。

　診断結果が出るまで、検査日は私たちにとっては心配の種でしかなく、つらかったのですが、ケンタにとっては素晴らしい一日でした。だってたくさんの人たちと「遊ぶ」ことができたのですから。

　大切なのは、自分の犬が何を思っているのかを理解し、不安や悲しみは本来あるところにおさめておくことです。つまり、人の心の中だけに。
　犬は「今」を生きていて、昨日や明日のことを考えたりはしません。だから彼らは「もし……だったら」と思ったり、不安を感じたりしません。もしそうなるときがあるとすれば、それは私たちが不安を感じたときだけであり、その原因は自分にあるのだと思ってしまうでしょう。

　この「ケンタの日記」で私が再現しようと試みたのは、彼が自分の病気をどのように経験したのか、「ケンタ自身の言葉で」語らせることです。願わくばこの日記があなたにとって、犬の目線で毎日の暮らしを見るきっかけになればと思います。そして愛犬と過ごす毎日がすばらしい日々だと心から思えるようになることを願っています。

（ケンタの日記を理解しやすくするために、ケンタに人間のことを人間として話すようにさせています。実際は、犬たちは人と犬との違いをわかっていません。彼らは我々のことを奇妙でおかしな臭いの犬だと思っていますが、ともあれ我々のことが大好きです！）

ケンタが片方の後脚を引きずっていたので
動物病院へ連れて行くと、しこりが見つかった。

（ケンタの日記から）

こんにちは。ケンタです。「10歳のゴールデン」とよくきく。

お父さんとお母さんとショウちゃんといっしょにすんでいる。ショウちゃんいぬだけどお父さんとお母さんいぬじゃない。ほんとうのお父さんとお母さんじゃないとおもうけどずっといっしょにいるから、もうなれた。すきだよ。

いまくるまにいる。あのおおきいうちにいく、もうわかるよ。
ショウちゃんるすばんだから。

あのおおきいうちにいつもたくさんのにんげんいる。みんなちがうけど
みんなおなじなまえでよぶ。みんな「せんせい」という。よくわからない。。。

にんげんとあうすきだからそのうちにいくとうれしいよ。
ただ、なまえよばれるとちょっとこわい。いろいろあったからね。

たとえばね、お母さん「せんせい、ここさわるといたいみたい」いうと、
せんせいそこでさわるよ。いたいとさわらないほうがいいんでしょ！
おさんぽのときあしちょっといたかったから、またさわるかな。。。

でも、みんなやさしいから、いつもいいきもちでかえるよ！

あっ。。。おおきいうち！　やっぱり。

じゃ、いくね。。。

病院で診断結果が出る。
後脚のしこりは、がんだとわかった。

（ケンタの日記から）

きょうずっとあのおおきいうちであそんだ。
あのうちにボールとかひもないから、テーブルのぼるあそびだった。
なんかいもしたよ！

いつものせんせいというにんげんのうちでもテーブルのぼった。
あしさわったときいたかったけど、ないしょにした。おにいさんだからね！

そのあとあのおおきいうちのなかでいろいろなせんせいとさんぽした。
すこしつかれたけどおもしろかった。ほかのいぬもいた！

お父さんとお母さんもきた。あっ...。そうね、きょうひとりだった！

いままたじぶんのうちにいる。ショウちゃんとあそんでいる。

ちょっとしんぱいだったよ。お父さんとお母さんだきしめてくれたけど
かなしいきもちだった。
なんかわるいことしたとおもった。

でもそのあとステーキもらったから、だいじょうぶだったね？

よかった！

後ろ脚を切断する手術を受けたあと、
病院で過ごしている。

（ケンタの日記から）

いまあのおおきいうちにすんでいる。ごはんのときお父さんとお母さんいるけどそのあといない。いるときショウちゃんのにおいもあるけどショウちゃんまだこない。ほかのいぬたくさんいるけど。まだよくわからない。。。

きょうお父さんといつものゲームした。お父さん「クッキーたべたいひとだれ？」いうと、てあげるとクッキーもらえる。うまくいった！　じぶんのうちすんでたときのきもちおもいだした、うれしい！　お父さんとお母さんいたよかった！

おさんぽまだやっていない、ずっとねている。ときどきせんせいというにんげんあそびにくる。みんなやさしいよ！　おやつももらった。でもお父さんとお母さんくるといちばんうれしい。

またくるとおもうよ。

あっ。。。ちょっとまって。。。お父さんのこえ！　お母さんも！　いきたい！
あらっ。。。もいっかい。。。えっ？　もいっかい。。。だめか。じゃ、。。。
あっ、できた！　たてた！

やっぱり、きた！　ここだよ！

10日間の入院から帰宅。

(ケンタの日記から)

あのね。。。いまね。。。じぶんのうちにいるよ！
うれしい！

お父さんとお母さんごはんじゃないとき、あのおおきいうちにきた。
お父さんなんかおおきいものもってきた。それにのせてもらった。
お父さんとお母さんとせんせいというにんげん、くるままではこんでくれた。
それで、うちにいった。

さいしょよくわかなかったけど、うちにはいってきたときすぐわかったよ。
いつものにおい、いつものおと、いつものショウちゃん、きもちいい！
あのおおきいうちにいたもうわすれちゃった。

いまじぶんのうちでねている。ショウちゃんずっととなりにいる。
お父さんとお母さんもいる。みんなうれしいきもち！　よかったね！

ショウちゃんいちばんうれしいよ。ずっとあえなかったからね。
お父さんとお母さんとショウちゃんといるといいね。

ちょっとおなかすいた。なんかもらえるかな。。。
あっ。。。「クッキーたべたいひとだれ？」いわれたよ！
はーーい！

ほんとにかえってきた！

3本足になっても、ケンタは普段通りに過ごせるようになる。

（ケンタの日記から）

きょうおさんぽした。おしっこもしたよ。すこしつかれたけどとまると、お父さんだっこしてくれた。まえお父さんさいしょからだっこしたけど、じぶんでたてるから、おさんぽのじゅんびのおときくと、はやくいくよ。
そうするとだっこいらない。

いまみんなでにわにいる。きょう「ばーべーきゅー」ときいた。
おにくうかんできた。たべたい！

いつものごはんとちがうよ。もっとじかんかかる。
おにくあるけどすぐもらわない。「あつい」から。
「あつい」は「ちょっとまって」とおなじこととおもう。

でもおにくおいしいね。たくさんたべたい！
ビールもすこしもらうかな。。。ビールだいすき！

あとね、まだよくわからない。とちゅうお父さんいつも「はい！　おわり、もうない！」いうけど、そのときまだごはんたくさんあるよ！　おかしいね。。。

あっ、おにくでてきた！　はーい！

えっ。。。？

「あつい」か。。。

決して来ないでほしいと願っていた日。

（ケンタの日記から）

おさんぽにいったけど、きょううまくできなかった。
ちょっとだけたったけど、つかれたからおすわりした。
そのあともういっかいやってみたけどだめだった。
おしっこしたいけどね！

お父さんうちのなかでてつだってくれた。
それでおしっこしたきもちになった、よかった！

きょうごはんたべたいきぶんなかった。ステーキだった。。。？？

みなでまたあのおおきいうちにいった。せんせいというにんげんにおやつもらったけどそれもたべなかった。

いまそともくらくなった。お父さんとお母さんたべている。

すぐそばにいるけどねられない。ねむいけど。。。

あっ、お父さんいっしょにすわりにきた。ずっとさわっている。。。きもちいい！

それでねられるとおもう。。。。。。

。。。こうしてケンタは息を引き取った。
安らかに、痛みもなく、父と母と弟のショウに寄り添われて。
彼はたった10歳9か月と7日だった。

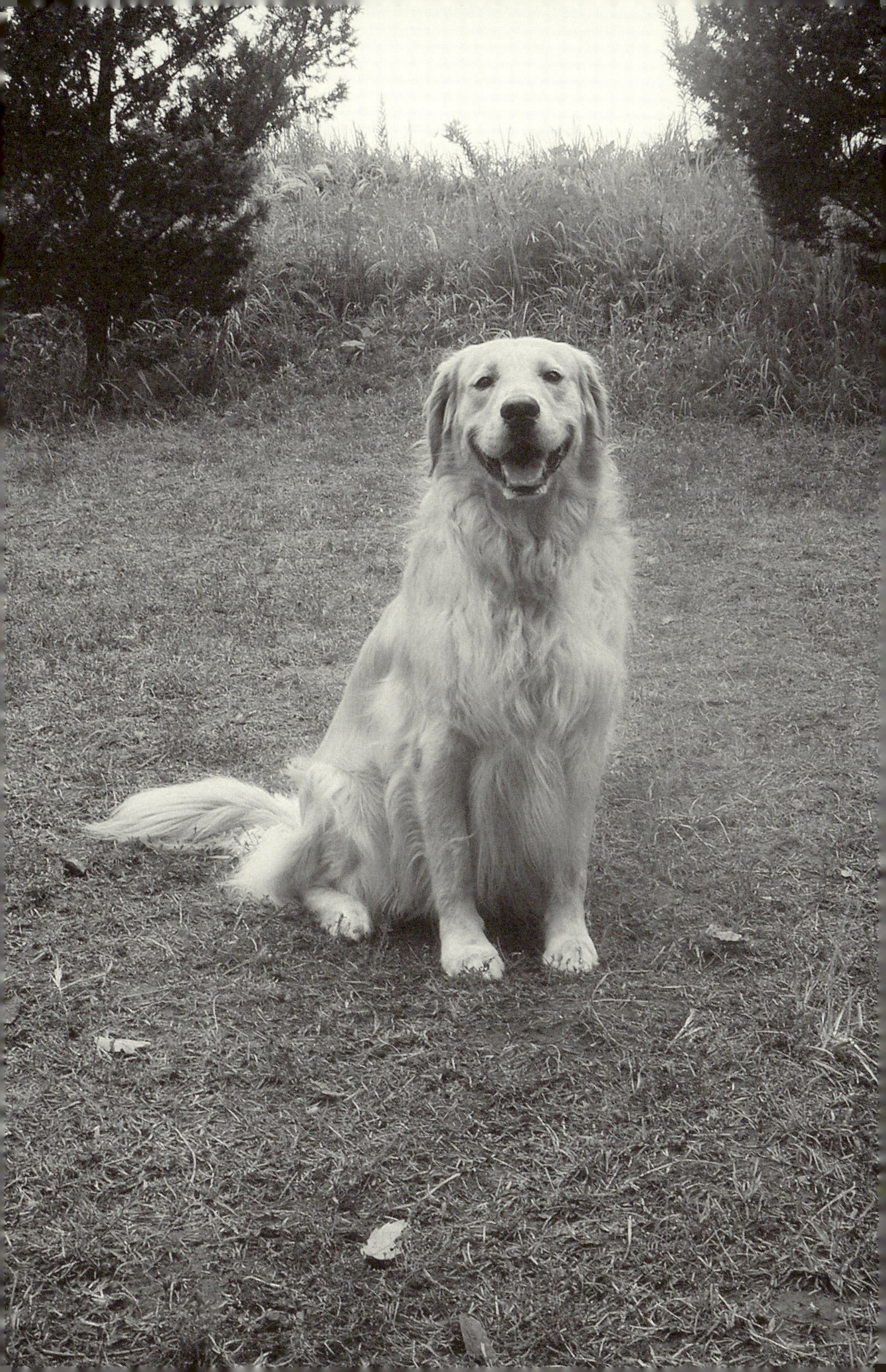

付録1
用語集

悪性腫瘍	急速に成長し、正常な組織に浸潤し、ほかの場所に転移する可能性のある腫瘍
安楽死	飼い主の同意を得た上で麻酔薬を通常よりも多く投与して、痛みを感じることなく生を終えること
化学療法	化学薬品を使った病気の治療法、特にがんの場合は、抗がん剤による治療を指す
カテーテル	体内の空洞や管に通して、液体を注入したり、排出したりするためのチューブ。排出するものをドレーン、静脈内に入れるものを留置針という
がん	自分の細胞が異常になって勝手に増殖を続ける病気。体のほかの部位に広がることもある
寛解	治療にともなって、がんの活動が止まったように思える期間
がん性悪液質	食べた食事の量にかかわらず、体重が激減すること
緩和ケア	完治ではなく、病気にともなう苦痛や症状を抑えることを目的にした治療
血管外漏出	静脈内に入れる薬剤が、周辺の組織に漏れてしまうこと
検診	病気を発見するために各種検査を行うこと
減容積手術	完全には切除できない悪性腫瘍を、手術で一部切り取ること
抗生物質	細菌を殺したり、その成長を阻むために使う薬剤。がん細胞を殺すものもある
骨髄	骨の内部を埋めているやわらかい組織で、血液細胞を作っている
細胞	生物を構成する最小単位
脂肪腫	脂肪細胞でできている良性のしこり

腫瘍	細胞の異常増殖によって膨らんだ部分や傷のこと
腫瘍専門獣医師	がんの研究・治療を専門とする獣医師
静脈内輸液	静脈内に液体を点滴すること
食欲不振	食欲がない、食事を受けつけないために、体重が激減する状態
診断	診察して病状を判断すること
生検	検査のために細胞や組織を採取すること
精神安定剤	筋肉などの緊張を弛緩させたり、不安を和らげるたりする薬
セカンドオピニオン	主治医以外の医師に意見を聞くこと
切開生検	検査のために、しこりや疑わしい組織から、細胞の一部を採取すること
切除生検	検査のために、しこりや疑わしい組織を、すべて取り除いてしまうこと
対照研究	病気の動物とそうでない動物を比較すること
鎮静剤	気分を落ち着かせる薬
転移	腫瘍の発生場所からほかの部位にがんが広がること
病理医	顕微鏡をつかって体組織と体液を検査して、病気を特定する専門医
副作用	治療の結果、あらわれた悪い影響
プロトコール	化学療法によく使われる治療計画のこと。薬の種類や用量、頻度や期間などを決める
平均寿命	ペットがどのくらい生きるかの平均年数
放射線療法	放射線を当てて、がん細胞を死滅させたり、損傷を与える治療法
ホスピスケア	終末期にある患者に対し、痛みの緩和や生活の質の向上を目的として行うケアのこと
免疫系 (免疫システム)	病気から身を守る生体構造や組織の働きのこと

予期悲嘆	これから失おうとしているものによって感じる悲しみ。愛する者が死ぬ前に感じることが多い
良性腫瘍	急速に成長せず、正常な組織を侵したり入れ替わったりせず、離れた部位に転移もしない腫瘍
リンパ系	リンパ、リンパ腺、リンパ管などからなるネットワークで、血液をろ過している
リンパ節	体じゅうにある小さな豆粒状の器官。感染症やがんから体を守る働きがある

付録 2
犬の平均寿命

> 下の表は、犬種別の犬の平均寿命を示したものです。この表を見れば、あなたの犬の大まかな寿命がわかりますが、数字にはあまりとらわれないでください。これはあくまでも平均であり、一匹一匹の犬はそれぞれ違います。たとえばブルーイという名前のオーストラリアン・キャトル・ドッグがいました。この犬種の平均寿命は 12 歳～15 歳ですが、ブルーイは 29 歳 5 か月と 7 日生きたのです！
> もしあなたの犬に関してわからないことがあったら、いつものことですが、獣医師に聞いて下さい！

ア

犬種	寿命
アイリッシュ・ウルフハウンド（Irish Wolfhound）	6 歳～8 歳
アイリッシュ・セッター（Irish Setter）	11 歳～14 歳
秋田犬（Akita (Inu), Japanese Akita）	9 歳～13 歳
アメリカン・コッカー・スパニエル（American Cocker Spaniel）	12 歳～14 歳
アフガン・ハウンド（Afghan Hound）	9 歳～12 歳
イングリッシュ・コッカー・スパニエル（English Cocker Spaniel）	12 歳～15 歳
イングリッシュ・スプリンガー・スパニエル（English Springer Spaniel）	12 歳～14 歳
イングリッシュ・セッター（English Setter）	9 歳～13 歳
イングリッシュ・トイ・スパニエル（English Toy Spaniel）	10 歳～12 歳
イングリッシュ・ポインター（English Pointer）	11 歳～14 歳
ウエスト・ハイランド・ホワイト・テリア（West Highland White Terrier）	12 歳～16 歳
ウェルシュ・スプリンガー・スパニエル（Welsh Springer Spaniel）	10 歳～14 歳
エアデール・テリア（Airedale Terrier）	10 歳～12 歳
オールド・イングリッシュ・シープドッグ（Old English Sheepdog）	10 歳～12 歳

カ

カーディガン・ウェルッシュ・コーギー（Cardigan Welsh Corgi）	12歳〜15歳
紀州犬（Kishu）	11歳〜14歳
キースホンド（Keeshond）	12歳〜15歳
キャバリア・キング・チャールズ・スパニエル（Cavalier King Charles Spaniel）	10歳〜14歳
グレート・デーン（Great Dane）	7歳〜10歳
グレート・ピレニーズ（Great Pyrenees）	7歳〜10歳
グレイハウンド（Greyhound）	10歳〜13歳
ケアン・テリア（Cairn Terrier）	12歳〜15歳
ゴードン・セッター（Gordon Setter）	9歳〜12歳
ゴールデン・レトリーバー（Golden Retriever）	9歳〜12歳
コリー（Collie）	12歳〜15歳
混血種（Mixed Breed）5 kg 以下	14歳〜18歳
混血種　5 kg〜10 kg	13歳〜17歳
混血種　10 kg〜20 kg	12歳〜15歳
混血種　20 kg 以上	10歳〜14歳

サ

サモエド（Samoyed）	10歳〜14歳
シー・ズー（Shih Tzu）	12歳〜16歳
ジャーマン・シェパード（German Shepherd）	9歳〜12歳
シェットランド・シープドッグ（シェルティ）（Shetland Sheepdog (Sheltie)）	12歳〜15歳
シッパーキー（Schipperke）	13歳〜17歳
柴犬（Shiba (Inu), Japanese Shiba Inu）	12歳〜15歳
シベリアン・ハスキー（Siberian Husky）	11歳〜14歳
ジャイアント・シュナウザー（Giant Schnauzer）	12歳〜15歳
ジャック・ラッセル・テリア（Jack Russell Terrier）	13歳〜17歳
スピッツ（Japanese Spitz）	11歳〜14歳
スコティッシュ・ディアハウンド（Scottish Deerhound）	8歳〜10歳
スコティッシュ・テリア（Scottish Terrier）	12歳〜15歳
スタフォードシャー・ブル・テリア（Staffordshire Bull Terrier）	10歳〜16歳
スタンダード・シュナウザー（Standard Schnauzer）	12歳〜15歳
スタンダード・ダックスフンド（Standard Dachshund）	12歳〜15歳
スタンダード・プードル（Standard Poodle）	12歳〜15歳
セント・バーナード（Saint Bernard）	8歳〜10歳

タ

ダルメシアン（Dalmatian）	10歳～13歳
チベタン・テリア（Tibetan Terrier）	13歳～16歳
チワワ（Chihuahua）	13歳～17歳
チャウチャウ（Chow Chow）	12歳～15歳
狆（Japanese Spaniel）	10歳～12歳
土佐犬（Tosa (Inu), Japanese Tosa）	9歳～12歳
ドーベルマン（Doberman Pinscher）	9歳～13歳
トイ・プードル（Toy Poodle）	13歳～18歳

ナ

ニューファンドランド（Newfoundland）	8歳～10歳
ノーフォーク・テリア（Norfolk Terrier）	12歳～15歳

ハ

バーニーズ・マウンテン・ドッグ（Bernese Mountain Dog）	6歳～8歳
パグ（Pug）	12歳～15歳
バセット・ハウンド（Basset Hound）	10歳～14歳
パピヨン（Papillon）	13歳～16歳
ビーグル（Beagle）	12歳～16歳
ビション・フリーゼ（Bichon Frise）	16歳～17歳
フラット・コーテッド・レトリーバー（Flat-Coated Retriever）	9歳～11歳
ブルマスチフ（Bullmastiff）	7歳～10歳
ブル・テリア（Bull Terrier）	10歳～14歳
ブルドッグ（Bulldog）	7歳～10歳
フレンチ・ブルドッグ（French Bulldog）	10歳～13歳
ベアデッド・コリー（Bearded Collie）	12歳～15歳
ペンブローグ・ウェルッシュ・コーギー（Pembroke Welsh Corgi）	12歳～15歳
ボーダー・コリー（Border Collie）	12歳～15歳
ボーダー・テリア（Border Terrier）	13歳～17歳
ホイペット（Whippet）	12歳～16歳
ボクサー（Boxer）	10歳～14歳
ボストン・テリア（Boston Terrier）	12歳～17歳
ポメラニアン（Pomeranian）	13歳～17歳
ボルゾイ（Borzoi）	9歳～12歳

マ

マルチーズ（Maltese）	13歳〜18歳
ミニチュア・シュナウザー（Miniature Schnauzer）	12歳〜15歳
ミニチュア・ダックスフンド（Miniature Dachshund）	13歳〜17歳
ミニチュア・ピンシャー（Miniature Pinscher）	12歳〜16歳
ミニチュア・プードル（Miniature Poodle）	12歳〜16歳

ヤ

ヨークシャ・テリア（ヨーキー）（Yorkshire Terrier (Yorkie)）	13歳〜17歳

ラ

ラサ・アプソ（Lhasa Apso）	13歳〜18歳
ラブラドール・レトリーバー（Labrador Retriever）	10歳〜13歳
ロットワイラー（Rottweiler）	9歳〜12歳

ワ

ワイマラナー（Weimaraner）	10歳〜13歳
ワイヤー・フォックス・テリア（Wirehaired Fox Terrier）	12歳〜16歳

付録3
便利な連絡先一覧

この一覧の情報は可能な限り最新のものを掲載していますが、更新、変更されることもありますのでご注意ください。

インターネット上で見つけた治療や世話に関する情報を参考にして、何かしら実行に移したくなったときは、情報元がどこであっても必ず担当医と相談してください。

獣医師の団体

一般社団法人日本臨床獣医学フォーラム　http://jbvp.org
飼い主さんが相談できる掲示板があります。

日本獣医がん学会　http://www.jvcs.jp
獣医腫瘍科認定医の一覧が見られます。勤務先病院名と住所、連絡先などが掲載されていますので、お住まいの地域に近い病院を探すことができます。

公益社団法人日本動物病院協会　http://www.jaha.or.jp/
お住まいの近くの動物病院を検索できるほか、CAPP活動（アニマルセラピーのボランティア活動）を推進しています。

公益社団法人日本獣医師会　http://nichiju.lin.gr.jp/
一部飼い主さんにも役に立つ情報があります。

一般社団法人日本小動物獣医師会　http://jsava.org/
世話の仕方や、薬の飲ませ方などが丁寧に説明されています。

大学動物病院

- 🦴 獣医腫瘍科認定医が所属
- CT　CTスキャンの施術可
- MRI　MRIの施術可
- ☢ 放射線治療可
- ☎ 直接予約可
- 🖱 かかりつけの病院の紹介を通して予約
- 📧 紹介（2次診療）推奨

北海道大学動物医療センター　🦴 CT MRI ☎
🖱 http://www.vetmed.hokudai.ac.jp/VMTH/
〒060-0819　北海道札幌市北区北19条西10丁目
Tel　011-706-5239

帯広畜産大学動物医療センター　🦴 CT ☎
🖱 http://www.obihiro.ac.jp/~hospital/
〒080-8555　北海道帯広市稲田町西3線14番地
Tel　0155-49-5683　Fax　0155-49-5685

酪農学園大学附属動物医療センター　🦴 CT MRI
🖱 http://amc.rakuno.ac.jp
〒069-8501　北海道江別市文京台緑町582
Tel　011-386-1213　Fax　011-386-0880

北里大学獣医学部附属動物病院　🦴 CT MRI ☢ ☎
🖱 http://www.vmas.kitasato-u.ac.jp/hospital/site2/
〒034-8628　青森県十和田市東23番町35-1
Tel　0176-24-9436　Fax　0176-22-3057

岩手大学農学部附属動物病院 [CT][☢][☎][📠]
🖱 http://news7a1.atm.iwate-u.ac.jp/~hospital/
〒020-8550　岩手県盛岡市上田三丁目 18-8
Tel　019-621-6238　Fax　019-621-6239

東京大学附属動物医療センター [👤][CT][MRI][☢][📠]
🖱 http://www.vm.a.u-tokyo.ac.jp/vmc/
〒113-8657　東京都文京区弥生 1-1-1
Tel　03-5841-5420

東京農工大学動物医療センター [CT][MRI][☢]
🖱 http://www.tuat-amc.org
〒183-8509　東京都府中市幸町 3-5-8
Tel　042-367-5785　Fax　042-367-5602

日本獣医生命科学大学付属動物医療センター [👤][CT][MRI][☢][📠]
🖱 http://www.nvlu.ac.jp/amedical/
〒180-8602　東京都武蔵野市境南町 1-7-1
Tel　0422-90-4000

麻布大学附属動物病院 [👤][CT][MRI][☢][📠]
🖱 http://avth.azabu-u.ac.jp
〒252-5201　神奈川県相模原市中央区淵野辺 1-17-71
Tel　042-769-2363

日本大学動物病院 [👤][CT][MRI][☢][📠]
🖱 http://hp.brs.nihon-u.ac.jp/~anmec/
〒252-0880　神奈川県藤沢市亀井野 1866
Tel　0466-84-3900

岐阜大学動物病院 [CT][☢][📠]
🖱 http://www.animalhospital.gifu-u.ac.jp/
〒501-1193　岐阜県岐阜市柳戸 1-1
Tel　058-293-2962/2963

大阪府立大学生命環境科学域附属獣医臨床センター [👤][CT][MRI][☢][✍]
🖱 http://www.vet.osakafu-u.ac.jp/hospital/
〒598-8531　大阪府泉佐野市りんくう往来北 1-58
Tel　072-463-5082

鳥取大学農学部附属動物医療センター [CT][✍]
🖱 http://vth-tottori-u.jp
〒680-8553　鳥取県鳥取市湖山町南 4-101
Tel　0857-31-5441　Fax　0857-31-5449

山口大学動物医療センター [👤][CT][MRI][☢][✍]
🖱 http://ds22v.cc.yamaguchi-u.ac.jp/~yuamec1/
〒753-8515　山口県山口市吉田 1677-1
Tel　083-933-5931

岡山理科大学獣医学教育病院
🖱 http://www.vmth.ous.ac.jp
〒794-8555　愛媛県今治市いこいの丘 1-3
Tel　0898-52-9001　Fax　0898-52-9211

宮崎大学農学部附属動物病院 [CT][✍]
🖱 http://www.agr.miyazaki-u.ac.jp/~vet/vet_hosp/
〒889-2192　宮崎県宮崎市学園木花台西 1-1
Tel　0985-58-7286

鹿児島大学共同獣医学部附属動物病院 [👤][CT][MRI][☎]
🖱 http://www.vet.kagoshima-u.ac.jp/kadai/KUVTH/
〒890-0065　鹿児島県鹿児島市郡元 1-21-24
Tel　099-285-8750　Fax　099-285-8751

ペット葬儀

　担当医や知り合いからの紹介をお勧めしますが、信頼できるペット葬儀社を見つけたいときにインターネットで探すしか手がないこともあるでしょう。その際は、下記のリンクを参考にしてください。

ペット葬儀・霊園ネット　http://www.petsougi.net
葬儀社、霊園検索ができる。

PLUS ペット葬儀　http://www.plus-petsougi.net
見やすい説明、検索もできる。

ペットロス

日本ペットロス協会　http://www5d.biglobe.ne.jp/~petloss/
カウンセリング案内や問い合わせに対応しています。

参考文献

Allegretti, Jan. *The complete holistic dog book* Berkeley, Calif.: Celestial Arts, 2003

Anderson, Moira. *Coping with sorrow on the loss of your pet* Dog Ear Publishing 2006

Brown, Robin Jean *How to roar* Athens, GA: Spring Water Publishing, 2005

Carmack, Betty J. *Grieving the death of a pet* Minneapolis: Augsburg Books, 2003

Downing, Robin. *Pets living with cancer* Lakewood, Colo: AAHA Press, 2000

Eldredge, Debra. *Cancer and your pet* Herndon, VA: Capital Books, 2005

Flaim, Denise. *The holistic dog book* New York: Howell Book House, 2003

Fogle, Bruce. 101 *Questions your dog would ask your vet* New York: Carroll & Graf Publishers, 1993

Fogle, Bruce. *The dog's mind* London, England. Howell Book House; Wiley Publishing Hoboken NJ, 1990

Fogle, Bruce. *If your dog could talk* New York: Dorling Kindersley, 2006

Goldstein, Martin. *The nature of animal healing* New York, NY: Ballantine Books, 2000

Green, Lorri A. *Saying goodbye to the pet you love* Oakland, CA: New Harbinger, 2002

Kaplan, Laurie. *Help your dog fight cancer* Briarcliff, NY: JanGen Press, 2008

Messonier, Shawn. *The natural vet's guide to preventing and treating cancer in dogs* Novato, Calif.: New World Library, 2006

Mindell, Earl. *Dr. Earl Mindell's nutrition and health for dogs* Laguna Beach, CA: Basic Health Publications, 2007

Neal, Susan. *Without regret: a handbook for owners of canine amputees* Sun City, Arizona: Doral Publishing, 2002

Nieburg, Herbert A. *Pet Loss* New York, NY: HarperPerennial, 1996

Ogilvie, Gregory K. and Moore, Anthony S. *Managing the canine cancer patient* Yardley, PA: Veterinary Learning Systems, 2006

Pitcairn, Richard H. *Dr. Pitcairn's complete guide to natural health for dogs & cats* Emmaus, PA: Rodale, 2005

Quackenbush, Jamie. *When your pet dies* New York: Simon & Schuster, 1985

Sife, Wallace. *The loss of a pet* Hoboken, N. J.: Howell Book House, 2005

Smith, Penelope. *Animals in spirit* New York: Atria Books; Hillsoboro, Or.: Beyond Words Pub., 2008

Straw, Deborah. *Why is cancer killing our pets?* Rochester, Vt.: Healing Arts Press, 2000

Straw, Deborah. *The healthy pet manual* Rochester, Vt.: Healing Arts Press, 2005

Villalobos, Alice. *Canine and feline geriatric oncology* Ames, Iowa: Blackwell Pub. Professional, 2007

Volhard, Wendy. *Holistic Guide for a Healthy Dog*, Foster City, CA: Howell Book House, 2000

Williams, Marta. *Ask your animal* Novato, Calif.: New World Library, 2008

Zucker, Martin. *The veterinarian's guide to natural remedies for dogs* New York: Three Rivers Press, 1999

ケンタが病院から帰ってくると、弟のショウはその変化を感じ取り、兄の身をいたわり始めました。それまでショウは群れのリーダーになろうとしたことなどなかったのに、ほかの犬が近づきすぎるとほえるようになりました。以前には決して見られなかったことです。
　ケンタが死んでしまうと、ショウはひどく辛い時期に入りました。

(弟の日記から)

ハァァァーイ、ショウちゃんだよー！

あのね、おにいちゃんどこにいるかしってる？
ずっとさがしてるけどみつからないよ。においあるけどいない。

おにいちゃんどこにいるかわかるとクッキーあげるよ！　おねがい！

お父さんとお母さんもさがしてるとおもうよ。ショウちゃんとよくあそぶ
けどかなしいきもちのときもある。お父さんとお母さんもわからないと
こまるね。

おさんぽのときいぬとあうと、おにいちゃんいたからしんぱいなかった。
おにいちゃんいないと、じぶんでやらなければならない。こわい！
ちいさいいぬでも、みんなにおなかみせたほうがいいかな。。。そうしよう！

おにいちゃんどこにいるかな。。。
わかったらおしえてね。あいたいよ！

。。。。。？

あらっ！　ボールだ！　じゃ、おにいちゃんと。。。あっ、いないか。

どこにいるかな。。。

おにいちゃん、きをつけてね！

謝　辞

　この本ができるまで私たちを支えてくださった、たくさんの人たちに心から感謝します。

　ダイアナの飼い主の森下さん、ゴンタ君の飼い主の吉田さんご夫妻、チェリーちゃんの飼い主の高橋さん、海君の飼い主の岡本さんご夫妻、ゴンタ君とマミちゃんの飼い主の上田さんご夫妻、メリッサとグレースの飼い主の千葉さん、ステラちゃんと金太郎君とコルト君の飼い主の大塚さんご夫妻、みなさん快く原稿を読んでくれて貴重な助言をくださいました。

　稲葉エリカさんは娘の玲ちゃんを抱っこしながら調査を手伝ってくださいました。

　森下葉奈さんには、リサーチを助けていただきました。川崎桃子さんは第4章の写真の大部分を撮ってくださいました。いつものように、渡辺和弘さんは困ったときにいつでも相談に乗ってくれました。

　ご自身のすばらしい病院を見せてくださった村田佳輝院長のおかげで、動物病院の内部を取材することができました。また村田院長と病院のスタッフの皆様には、多くの貴重な時間を割いてもらい助言やご支援をいただきました。みなさんありがとう！

　渡辺璃伊奈さんには、英語の原稿を日本語に訳す作業に尽力していただきました。私たちは彼女がいつか日本でも指折りの翻訳者の一人になると信じています！

　また、カンザス州立大学医学部の William D. Fortney 獣医学博士は、博士が作った「年齢類推表」を使用させてくださいました。さらに、このような本を作っているということをお話ししたら、励ましの言葉をかけてくださいました。Thanks Bill!

　さらにロンドン在住の MBE DVM MRCVS（大英帝国勲章受勲者、獣医学博士、英国王立獣医師協会会員）Bruce Fogle 博士のおかげで、ケンタが手術直後にどう感じるのかもっと深く知ることができました。Fogle 博士は

犬や猫についての素晴らしい本をたくさん書かれていて、邦訳も多く刊行されています。Thank you Bruce!

　緑書房の編集部の皆様、とくに松原芳絵さん、鳥越暁子さんに対し、本書が完成するまで支え、導き、辛抱してくださったことを感謝いたします。

　石田卓夫先生には大変お世話になりました。先生は日本でもっとも尊敬される獣医師の一人であり、超多忙なスケジュールを抱えながら、この本の獣医学監修を引き受けてくださいました。石田先生のおかげでさらに良い本になったことは間違いありません。

…そして病院のマスコット犬ミナミちゃんにも厚くお礼を申し上げます。辛抱して何枚も写真を撮らせてくれました。

ケンタへ

だれかの死に直面すると、自分がからっぽになったような気になるってよく言うよね。でも、きみがいってしまったときはちがった。

もちろん、ひどくさみしい。あと一度だけきみを抱きしめられたら、散歩へ連れだせるものなら、私はなんだって差し出すつもりだ。

だけどね、ケンタと共に過ごしたかけがえのない思い出が、からっぽの心をいっぱいに埋めてくれた。きみが幼かった頃に起きたことや一緒になってやったこと、それに私たちを笑わせてくれたこともあった。そう、本当に何度笑ったことか！

思い出すよ。弟のショウと一緒に暮らすことになったときのこと。きみはすぐに打ち解けて、あっという間に彼のお父さんになり、お母さんになり、お兄ちゃんになり、親友になったよね。

思い出す。病気のあいだもずっとしっぽをピンと伸ばし幸せいっぱいに毎日を送ってくれた、きみの何も恐れない勇気。あんな大きな手術をしたのに次の日にはもう起き上がって歩こうとしている姿を見て、どんなきみを誇りに思ったか！　すごいよ！きみはがんに倒れたかもしれない。でもがんはきみに勝てなかった！

私たち、「ケンタは自分のことを人間だと思っているね」ってよく話してたんだ。だって私たちのことを本当によくわかってるように見えたから。それに、自分が何をしてほしいかを伝えるのがとっても上手だったから。たぶん、ここぞという瞬間にハイタッチをする犬はケンタだけだったろうね。

でも、もちろんきみは人間じゃないよ。きみはいつも楽しそうで、がまん強く、ぜったいに腹を立てないし、不平や不満も言わなかった。きみにとってはみんなが友達で、人種や社会的地位なんてどうでもよかった。犬と同じくらい完璧な人間がいればいいのにね……。

きみが私たちの周りを明るく照らしてくれたこと、そして一緒にいられた一分一秒に、感謝してるよ。

My big boy、今きみがどこにいたって、きっと周りを明るく照らしているだろうね。

プロフィール

ウィム・モーリング
オランダ生まれ。ジャーナリストとして、オランダのラジオやテレビ、新聞数紙で活動していた。1988年に日本に移住。現在千葉県茂原市在住でウェブホスティングの会社を経営。

井上敬子
北里大学獣医学部卒業。飼っていた愛犬のジャッキーが病気になったとき、何もできなかったことから獣医師になることを決意した。本書の著者、ケンタの担当医だった。現在千葉県の動物病院に勤務している。

著者とケンタと井上先生

　改訂時に本書の内容をさらに良くしていくために、読者の方のご意見、ご感想をお待ちしております。
　著者の連絡先：wim@moring.jp

うちの犬ががんになった

| 2011年10月10日 | 第1刷発行 |
| 2019年 2月 1日 | 第3刷発行 |

著　　者	ウィム・モーリング
執筆協力	井上敬子（いのうえけいこ）
獣医学監修	石田卓夫（いしだたくお）
発行者	森田　猛
発行所	株式会社　緑書房
	〒 103-0004
	東京都中央区東日本橋3丁目4番14号
	ＴＥＬ 03-6833-0560
	http://www.pet-honpo.com
印刷所	アイワード

Ⓒ Wim Moring
ISBN 978-4-89531-126-7　　Printed in Japan
落丁，乱丁本は弊社送料負担にてお取り替えいたします。

本書の複写にかかる複製，上映，譲渡，公衆送信（送信可能化を含む）の各権利は株式会社緑書房が管理の委託を受けています。

|JCOPY|〈（一社）出版者著作権管理機構　委託出版物〉
本書を無断で複写複製（電子化を含む）することは，著作権法上での例外を除き，禁じられています。本書を複写される場合は，そのつど事前に，（一社）出版者著作権管理機構（電話03-5244-5088，FAX03-5244-5089，e-mail：info @ jcopy.or.jp）の許諾を得てください。
また本書を代行業者等の第三者に依頼してスキャンやデジタル化することは，たとえ個人や家庭内の利用であっても一切認められておりません。